地域資源を活かす

室瀬和美　田端雅進 監修
阿部芳郎　宮腰哲雄 ほか 著

生活工芸双書

漆《うるし》

1

漆掻きと漆工
ウルシ利用

農文協

植物としてのウルシ

●**ウルシの樹形**
落葉高木の一種。ウルシの仲間は熱帯から温帯にかけて
81属800種といわれる

●**ウルシの葉**　葉の付き方は奇数羽状複葉

●**ウルシの花**　雄花と雌花がある

雄花

雌花

ウルシを栽培する

●**ウルシの苗木**

実生苗

分根苗

●**「殺し掻き」の後の切り株や根から芽が出る萌芽更新**

切り株から出た幹萌芽

地中から発生した根萌芽

●**ウルシの果実**
直径5～6㎜で扁平、楕円形～腎形

●**ウルシの種子**
果実の中に入っているのが、2㎜ほどの扁平なダルマ型の種子

縄文時代の漆工

●木胎漆器
土器文様を彫刻した木胎漆器の出土（青森県是川遺跡）

●漆塗りの土器
縄文時代前期のもの。赤漆の地の上に黒漆で細線の文様を描いている（山形県押出遺跡）

●漆による注口土器の胴部の補修の跡
破損した亀裂に包帯様の補修物を充て
その上に漆を再度塗布
（東京都東村山市下宅部遺跡）

縄文時代の漆液の利用

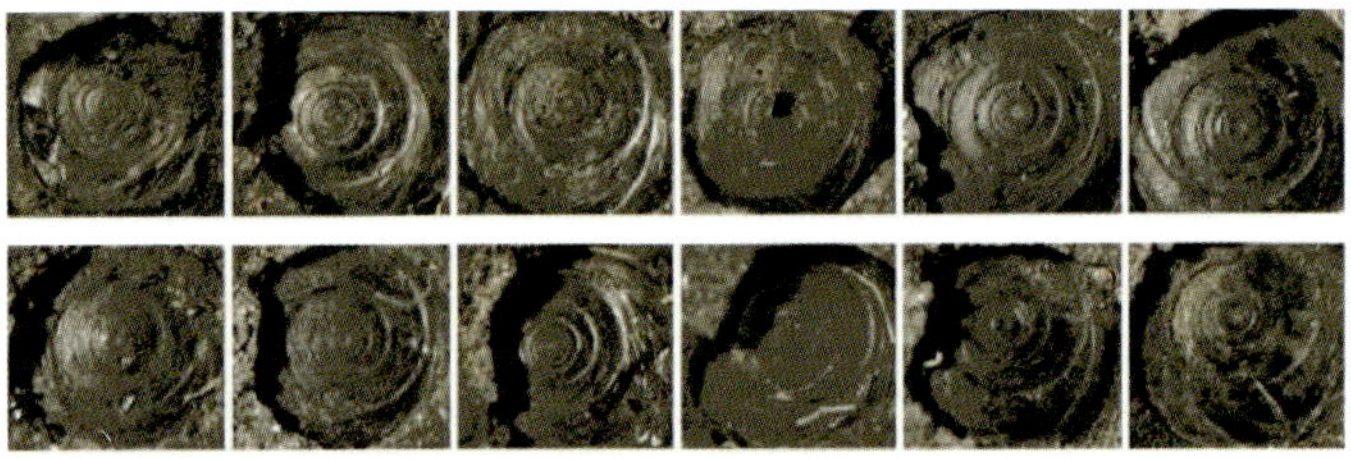

●口縁部の装飾に利用
木製容器の口縁部に巻貝の蓋を漆で貼り付けている（青森県野辺地向田18遺跡の象嵌漆器）

●漆糸
糸を赤漆でコーティングして使っていた（新潟県大武遺跡）

●土器の底を補修した跡
漆液と粘土や木屑などを混ぜパテ状にして亀裂の目止めにしている（埼玉県寿能遺跡）

縄文時代にも行なわれた漆掻きの痕跡

ウルシの木に残る掻き傷（下宅部遺跡）

●漆液を貯蔵した容器
破損土器を活用して漆液の入れ物にしていた。内面に付着した漆には生漆のほか赤色顔料を混ぜたものも確認されている（是川遺跡）

漆工

木地づくりから下地つけ、塗り そして加飾技法

漆液をつくる

生漆（きうるし）

↓ 撹拌「ナヤシ」「クロメ」
↓ **精製漆＝透漆（すきうるし）**

↓ 生漆 ＋ 鉄粉
↓ 撹拌「ナヤシ」「クロメ」
↓ **精製漆＝蝋色漆**

生漆 ＋ 熱処理した植物油
↓ 撹拌「ナヤシ」「クロメ」
↓ **有油漆**

精製漆

↓

色漆		
精製漆 ＋ 辰砂（硫化水銀）	→	赤　漆
精製漆 ＋ ベンガラ（酸化第二鉄）	→	赤　漆
精製漆 ＋ 石黄・雌黄	→	黄　漆
精製漆＋石黄・雌黄＋藍棒（藍玉）	→	緑　漆
精製漆 ＋ 酸化チタニウム	→	白　漆
精製漆 ＋ レーキ顔料	→	自在な色

精製漆（8月の盛物）	→	木地蝋漆（きじろうるし、木地呂漆）
精製漆＋雌黄やクチナシ	→	梨子地漆（なしじうるし、梨地漆）
精製漆＋乾性油	→	朱合漆（しゅあいうるし）
精製漆（盛物） ＋ 鉄分	→	黒蝋色漆（くろろいろうるし、黒呂色漆）
黒精製漆＋乾性油	→	花塗漆（はなぬりうるし、塗立漆）

上塗り

●**四方盆の上塗り**
濾紙で夾雑物を濾しとった漆を漆刷毛で塗る。塗りを終えると、作業中に表面に付いたチリを細かい棒状の道具（節あげ棒）で一つ一つ取り去り、漆風呂に収めて乾燥させる（写真：輪島塗技術保存会）

木地をつくる

胎（たい）
（素材選定）

金属	焼き物	竹	紙	木
↓	↓	↓	↓	↓
金 胎	**陶 胎**	**藍《らん》 胎《たい》（竹）**	**貼《はり》 抜《ぬき》（紙胎）**	**木 胎**

木胎 ↓

木 材

板材の組合せ	回転させながら刃物で成形	柔らかくして曲げて成形	ノミで削り出す
↓	↓	↓	↓
指物《さしもの》 棚 机 箱物など	**挽物《ひきもの》** 椀 皿 盆など	**曲物《まげもの》・巻胎《けんたい》** 円筒状の器	**刳物《くりもの》** 楕円形 多角形 不定形の器

木地づくり

●**会津の鈴木式轆轤**（鈴木式木地挽旋盤機）
1881（明治14）年の褒賞条令による大規模な木杯の受注を契機に、木地生産の効率化のために開発された。水車動力によるもの

下地つけ

●**下地**（輪島塗）
輪島地の粉、生漆、米糊を混ぜ合せ、檔《あて》材のヘラで地付けする。桧の皮のヘラで上縁の部に生漆を塗布する「地縁引き」は輪島独特の工程である（写真：輪島塗技術保存会）

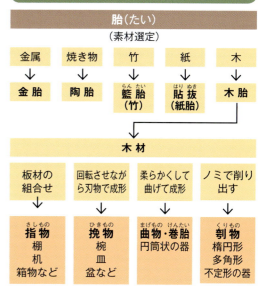

漆工

木地づくりから下地つけ、塗りそして加飾技法

下地つけ・塗り

下地をする塗り

- 水あるいは糊 ＋ 地の粉 ＋ 生漆 → 本堅地 → 塗り
- 地の粉 ＋ 生漆 → 本地 → 塗り
- 生漆塗り → 地の粉を蒔く → 生漆固め → 蒔地 → 塗り

この工程を、粉を徐々に細かくしながら４～６回繰り返す

下地をしない塗り

- 下塗から上塗まで同じ半透明の木地蝋漆を塗り重ねる → 木地蝋塗《きじろぬり》
- 赤や黄に色付けしてから、桐油・荏油を木地に吸い込ませる → 漆を混ぜた油を塗り重ね、次第に漆量を増やす。仕上げに透漆を塗り立て仕上げる → 春慶塗
- 導管の太いケヤキ・ハリギリ・タモノキ・クリなどを柿渋などで固め、生漆を摺り重ねる → 漆を薄く、目を弾くように塗る → 目はじき塗

加飾技法

蒔絵《まきえ》

- 金属の塊(金･銀･青金など) → ヤスリで粉末化 → 形状･粒子を整える → 粉を蒔く → 粉を固める → 全体を塗り込める → 研ぎ出す → 磨く → 研出蒔絵
- 金属の塊(金･銀･青金など) → ヤスリで粉末化 → 形状･粒子を整える → 粉を蒔く → 粉を固める → 磨く → 平蒔絵
- あらかじめ下地などで肉上げ → 粉を蒔く → 粉を固める → 磨く → 高蒔絵

螺鈿《らでん》

- 貝殻(夜光貝・鮑・蝶貝など)の真珠層部分 → 厚貝螺鈿(彫込み法・塗込み法)／薄貝螺鈿(擦貝・剥貝) → 螺鈿

漆絵《うるしえ》

- 木地蝋漆＋顔料 → 筆で描く → 漆絵

密陀絵《みつだえ》

- 乾性油＋乾燥剤＋顔料 → 筆で描く → 密陀絵

その他の表現技法

- 金箔・銀箔 → 漆塗の表面文様を彫る → 漆を摺り箔を押し込む → 沈金
- 朱漆または黒漆を塗り重ねる → 刃物で漆層を彫る → 堆朱･堆黒（彫漆）
- 木胎を彫刻する → 黒や朱の漆を塗る → 彫木彩漆（彫漆）
- 籃胎や木胎等に漆を何回か塗り重ねる → 刀で文様を彫る → 色漆を塗り込む → 研ぎ出す → 磨く → 蒟醤
- 色漆で文様を何回か重ねて描く → 文様の輪郭や細部を刃物で線刻する → 線刻に漆を摺り金箔を押し込む → 存星(存清)

●**津軽塗の研ぎ出し変り塗**（写真：津軽塗技術保存会）
変り塗とは、さまざまな材料や手法を駆使した装飾的な漆塗で、江戸時代の刀の鞘の漆塗に多用されたため鞘塗とも呼ばれた。塗装であり装飾でもある。研ぎ出し変り塗の工程は、漆塗りの回数が多く、研ぎ出して磨き仕上げることが多いため、正確な下地づくりが必須である

●**研ぎ出し**（写真：弘前市教育委員会）
大清水砥（白砥ともよばれる）で、模様を研ぎ出す。数回に分けて少しずつ研ぎ、深い窪みは「扱き漆」で埋め、仕上げ研ぎで模様をむらなく研ぎ揃え、面を平滑に仕上げる

●**仕掛け**（写真：弘前市教育委員会）
穴のあいた仕掛けヘラで絞漆（しぼうるし）をつける工程。この後色漆を塗る

●**彩色**
座卓の彩色。緑漆の塗り掛けの上に、刷毛で朱の模様をつけていく。彩色には2～3色程度の異なる色を用いることが多い

●**会津の消粉蒔絵**　消粉作業。金箔を粉状に加工した消粉（泥）を使う。石黄を混ぜた漆で文様を描いたあと、漆の粘度が頂点に達した時を見計らって、真綿にたっぷり消粉をつけて漆に絡ませて文様を浮かびあがらせる

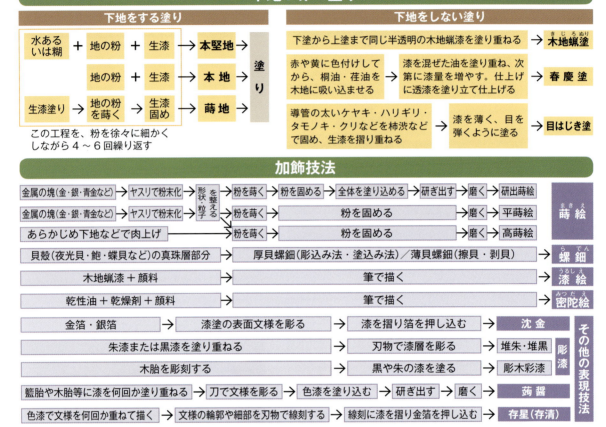

漆工　時代・産地と作品

輪島塗（制作・写真：輪島塗技術保存会）

●輪島塗
「菊花文沈金棗」
蓋から身にかけて連続する菊花文の沈金で飾った棗《なつめ》（抹茶の入れ物）。多用した点彫りがやわらかい表現を生んでいる

●輪島塗「四季草花蒔絵沈金棚」
木地、下地、漆塗り、呂色、蒔絵、沈金の各工程に輪島塗の最高の技を注いだ輪島塗技術保存会が10年をかけた大作

津軽塗

●津軽塗
八角五段重箱「お祝い」
（制作:津軽塗技術保存会、写真:弘前市教育委員会）
津軽塗の特徴である変り塗技法49種で各面を制作。津軽塗の豊富な技法、文様が見られる

会津塗

●会津絵による丸物漆器
鈴木式轆轤で木地加工した回転体（丸物）に、檜垣、松竹梅、破魔矢などを組み合わせて描く会津絵の図柄を漆絵と金箔などで表現している

●色粉蒔絵
朱、弁柄、石黄などの顔料を消粉と併用し、顔料を消粉のなかにぼかし込む手法で、色彩豊かな消粉蒔絵になる

●消粉蒔絵
文様を描いた漆の上に金銀箔を粉にした消粉を真綿で摺りつける技法

飛騨春慶（高山）

●飛騨春慶の盆
一般に春慶塗は木目の美しさを活かして着色した木地に、透明度の高い透漆を塗ったもの。飛騨春慶はサワラ材の剥ぎ目を生かした木地に透漆を塗るもので江戸時代初期に成田三右衛門によって始められたとされる

●飛騨春慶の重箱
木地づくりに特徴があり、サワラ材の木目を批目《へぎめ》小刀や鉈《なた》、鉋《かんな》で人工的に彫りおこして木地をつくる

讃岐漆器（高松）

●「彫抜楕円式茶具入」
深みのある朱漆による彫抜漆器（後藤太平・作　高松市美術館蔵、写真：髙橋章）

●「狭貫彫堆黒松ヶ浦香合《さぬきぼりついこくまつがうらこうごう》」
（香川県立ミュージアム蔵、写真:高橋章）
堆朱・堆黒で国産の唐物漆器を創造した玉楮象谷《たまかじぞうこく》の作品。高島藩主松平頼胤の参勤交代時の手土産として制作された

漆の採取

漆掻きと精製（＝ナヤシ・クロメ）

漆掻き

漆掻きとは、ウルシの幹に一文字に傷をつけた際に、樹体がその傷を治すために分泌する漆を掻き取って採取する作業。国内では、春先から秋までの漆掻きがすめば伐採し、後は実生苗を植栽したり切り株からの芽を育てたりして、15年ほどで再び漆掻きができるようにする「殺し掻き」がほとんどである

●**漆掻きの道具**
右から、樹皮を削るカマ、傷をつけるカンナ、液を掻き取るヘラ、漆液を入れる掻き樽（タカッポ）

6～11月初旬までの漆掻きで、一本のウルシにつけた掻き傷

●**漆掻きの様子**　ヘラで掻き取りタカッポへ

●**浄法寺産漆の荷姿**（岩手県二戸市）

漆の精製

採取したままの漆液は荒味漆《あらみうるし》。これを和紙で濾過したものが生漆《きうるし》と呼ばれる。生漆は、おもにウルシオール60～65%、水20～30%から成り、さらさらしていて、このまま塗っても、膜には厚みも光沢もない。この生漆を、撹拌しながら水分を蒸発させ、漆液中の水分を減らして精製漆にする作業が「ナヤシ・クロメ」と呼ばれる

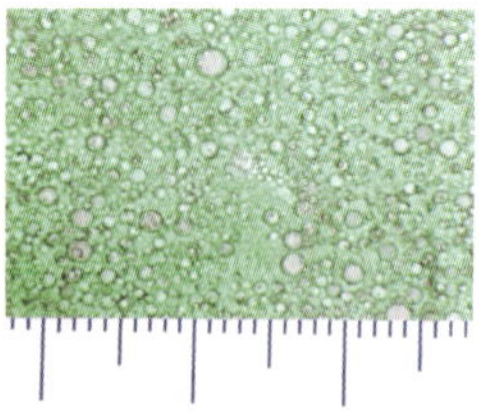

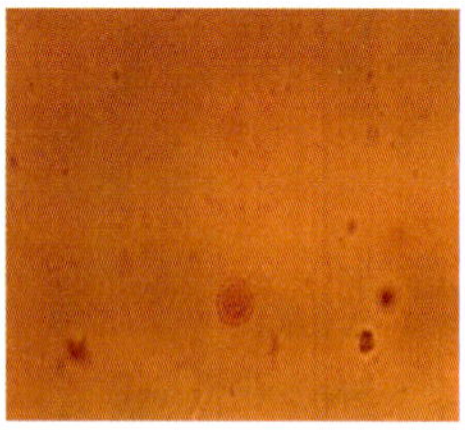

●**生漆と精製漆の粒子の比較**
（生漆をメチレンブルーで着色、×150）
写真左の生漆の粒子は、10μmの目盛で測れるが、ナヤシ・クロメ作業後の精製漆（写真右）になると、10μm目盛では測れない。漆は精製すると、粒子が均一に細かく分散し、漆液に透明性が現れて粘度が増し、漆塗りに適した状態になる

●**伝統製法の「天日クロメ」**
（NPO法人壱呂木の会のクロメ会にて）
日差しの強い炎天下で、大きな桶に漆液を入れ、木製の撹拌棒で液温を時々測定しながら、漆液を絶えずかき混ぜる。水分量の目安は3～5%で、ガラス版に薄く塗って透かし見た透明度の具合で判断する

ウルシの利用

ウルシ染め・ウルシ蝋《ろう》・ウルシの食利用

●絞り染めした染色布

●ウルシの染色布

ウルシ染め

ウルシ材を鉋屑状にして染料に

ウルシに含まれる黄色いポリフェノール成分には、優れた染色性があることを活かし、岩手県二戸市浄法寺町ではウルシ染めが行なわれている

ウルシ材をカンナ屑状に切削する

ウルシ材を水で煮出して染液をつくり、これに浸けて染色する

染色具合の比較

左から綿、ナイロン、アセテート、ウール、レーヨン、アクリル、絹、ポリエステルが織り込まれた多繊交織布

媒染剤なし

漆で染色すると、全体が黄色く染まる。とくに染色性の強いナイロン、ウール、絹は濃く染まっている

媒染剤あり

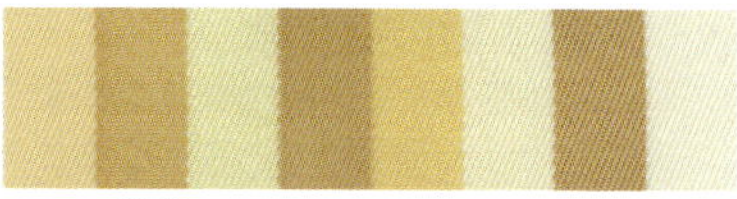

アルミ媒染

鉄媒染

銅媒染

ウルシ蝋《ろう》

ウルシの果実から蝋を絞る

晩秋から初冬のウルシの果実を臼で搗き、実の中でも蝋を含む皮の部分だけをコオロシという道具で篩《ふるい》にかけて選別し、セイロで蒸す。蒸したものを竹で編んだ詰め袋に入れて蝋締めでクサビを打ち込み絞り出す

中央が蒸し釜と上に載ったセイロ。両脇は臼、左には杵も

蝋を絞る装置である「蝋締め」。中央のコマとヤの間に詰め袋を挟み槌でヤを打ち込むと、台の下のフネに蝋が絞り出される

●初冬のウルシの実

●コオロシ

ふるい分ける

●ウルシ蝋のかたまり

蝋締めで「フネ」と呼ばれる木箱に絞り出されたもの

ウルシ花の蜂蜜

岩手県二戸市では特産品としてびん詰めで販売されている

●ウルシ蜂蜜

セイヨウミツバチによるもの

漆の未来　ハイブリット漆やナノ漆の開発

ハイブリット漆

● ハイブリット漆の塗見本
ハイブリット漆は素地がガラスや金属でも速やかに乾燥硬化し、素地にしっかり密着する。上段左から時計まわりに、アルミニウム、真鍮《しんちゅう》、ステンレス、木、アクリル板、紙、ガラスの素地に塗られたもの

漆に速乾燥性を生み出す

漆にシリコーン（有機ケイ素化合物）を混ぜると、比較的低い湿度で漆液が速く乾燥硬化する。この性質を活かしたのが速乾燥性の「ハイブリット漆」

明るいワインレッド様漆塗料

伝統的な精製漆は乾燥すると、茶褐色から濃褐色になる。ハイブリット漆液を比較的低い湿度条件でゆっくり乾燥硬化させると透けのよい淡黄色になる。これに深紅の金コロイド溶液を顔料に彩漆にすると、ワインレッド様の色調になる

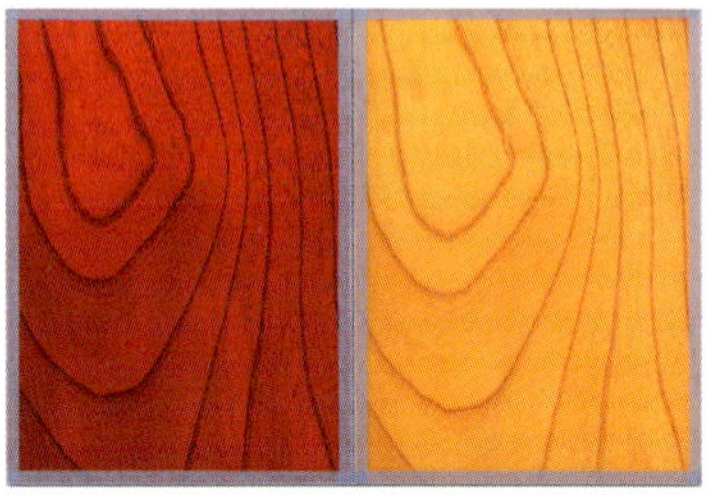

● ワインレッド様で透明感のあるハイブリット彩漆
左の紅色の板は、深紅の金コロイド溶液を顔料にしたハイブリット漆。右の淡黄色は銀コロイド溶液を顔料にしたもの

金コロイド溶液顔料のハイブリット漆による漆器

ナノ漆

漆の超微粒化が生み出すもの

生漆の粒子は10μm以上。「ナヤシ・クロメ」作業で、粒子は1μmくらいになり、透化性がよくなる。さらに微粒子化して0.001μm＝1nmレベルまで細かくしたのが「ナノ漆」。光沢度を比較すると、生漆50 ～ 60、精製漆60 ～ 70に対してナノ漆は100。ほとんど鏡のような高い光沢となる

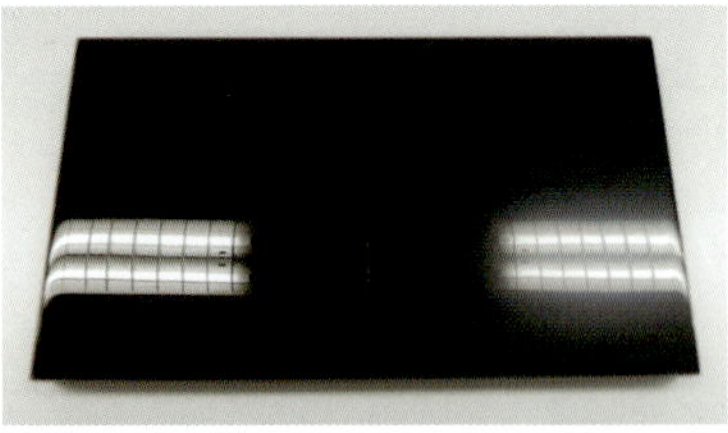

● 鏡のような光沢のナノ漆
蛍光灯を鏡のように映し出すナノ漆（左）と、右は呂色漆（鉄分を加えて一晩静置した精製漆）

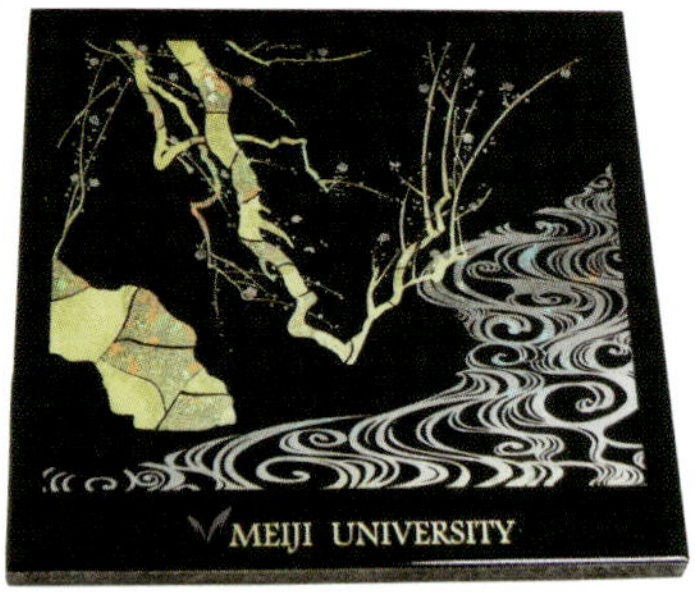

● ナノ漆の生み出すもの
インクジェットプリンターによる尾形光琳の「紅白梅図」風のパネル。インクジェットプリンターのインクにナノ漆を使用。印字や印画して、上から金粉や金箔を施して蒔絵にしたもの

● ナノ漆の高い透明性
左は通常の精製漆、右がナノ漆で、文字が読める透明度

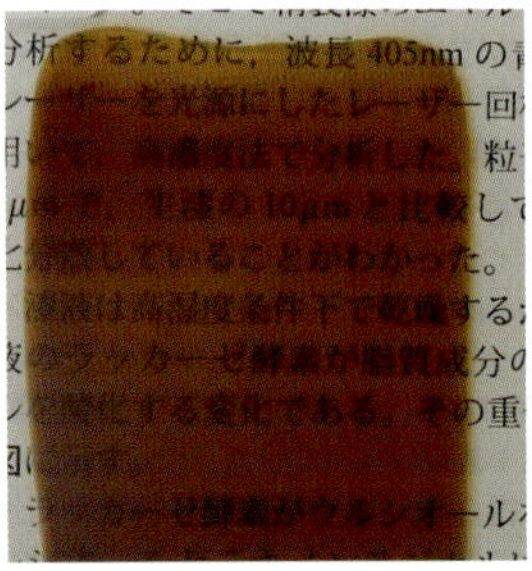

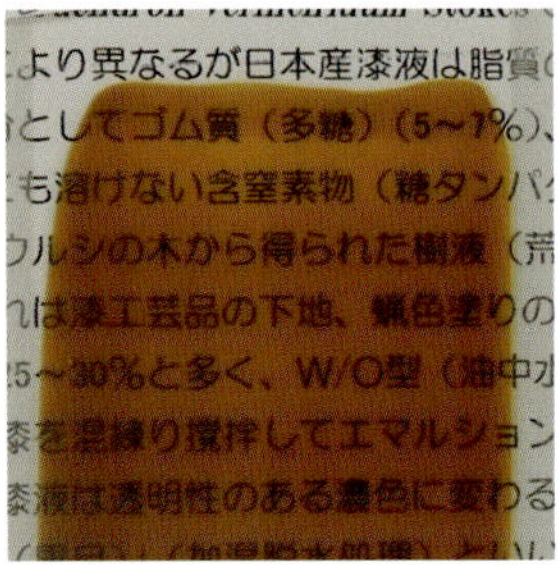

＊漆の未来でとりあげた新技術は「生活工芸双書 漆Ⅱ」で詳述します。

インクジェット漆による蒔絵を施したタンブラー

はじめに

昨今、伝統文化を支える日本産漆の供給が危機的状況にある。２０１６年の日本の漆消費量44・６ｔのうち、約90％を中国産が占め、日本産漆はわずか３％程度にすぎない。これまでその日本産漆は、漆器の生産者らによって、おもに上塗りの用途に使用されてきた。こだわりのある漆器生産者は、中国産よりも日本産のほうが耐久性に優れているなどの特性を指摘するものの、こうした特性やその原因は解明されていない。

漆をめぐる変化の兆しは、２００７年から始まった日光の重要文化財建造物の保存・修復により、日本産漆の年間生産量全体の４割が使用されたことである。これまで、国宝や重要文化財建造物の保存・修復には、日本産と中国産を３対７の混合で使用してきたが、２０１５年２月、文化庁は２０１８年をめどに国宝や重要文化財建造物の保存・修復には下地を含めて日本産漆の使用を目指す旨の通達を出した。これにより、日本産漆の需要が高まることが予想されている。

漆は、植物としてのウルシを育てて漆液を得るもので、再生可能な資源であり、環境保護やエネルギーの有効利用の観点からも、有機溶媒を含まない非常に優れた天然塗料といえる。

本書は、植物としてのウルシのほか、縄文時代における漆利用の歴史、現在に至るまでの漆の利用と技法、国内の代表的な漆器産地とその技術、漆液以外の利用、漆液の採取と精製について、一般の方にもわかりやすくまとめたものである。以下、その内容について少し紹介したい。（なお、ウルシの植栽については、研究プロジェクト事業が継続実施されており、２０１９年にはその成果が報告される。本シリーズの『漆２』に、その最新成果を収録する予定である）

１９８０年代以降、考古学上の遺跡発掘が進んだことで、縄文時代の漆については、その利用技術の水準の高さがあらためて注目されている。従来の縄文時代社会のイメージに転換を迫るその研究のエッセンスを「漆利用の歴史」としてまとめた。
こうした考古学研究により、日本列島では、縄文時代から独自な漆利用、漆工技術が培われていたことが明らかになりつつある。この1万年にもおよぶ漆利用技術については、土台となる木地づくりを含めて、漆のナヤシ・クロメ作業から始まる漆工の基礎・基本技術はもちろん、漆工の全般を鳥瞰できる内容を「漆の利用と技法」としてまとめた。単に総論的な解説でなく、例えば緑漆の素材に藍棒(藍玉)が利用されていることや、各種加飾技術などには、現場にかかわる職人としての視点からの解明も盛り込まれている。

全国の漆器産地の地図も掲載したが、全国の漆器産地にも盛衰がある。その存続が危ぶまれるものもある。日本の漆器産地の概要と代表的な産地について、それぞれに詳しい著者がまとめている。

ウルシは漆液の利用に限らない。かつてはウルシの果実を絞って蝋が生産されていた。そのウルシ蝋の利用については、詳しい製法も含めて紹介した。ウルシ材の成分にはポリフェノールが含まれる。ポリフェノールは染色性をもっていることから、これを「ウルシ染め」に利用する活動があり、そのウルシ染めの具体的な方法を収録した。さらに、ウルシコーヒーやウルシ蜂蜜など、ウルシの食利用にもふれている。最後に漆の採取(いわゆる「漆掻き」)と、採取後の漆の精製についてとりあげた。

本書によって、漆の魅力に理解を深め、その奥深さを感じていただければ幸いである。

＊本書では、樹木は「ウルシ」、ウルシから採取された樹脂を含む木部樹液は「漆」と表記した。

２０１８年３月

執筆者を代表して　田端雅進

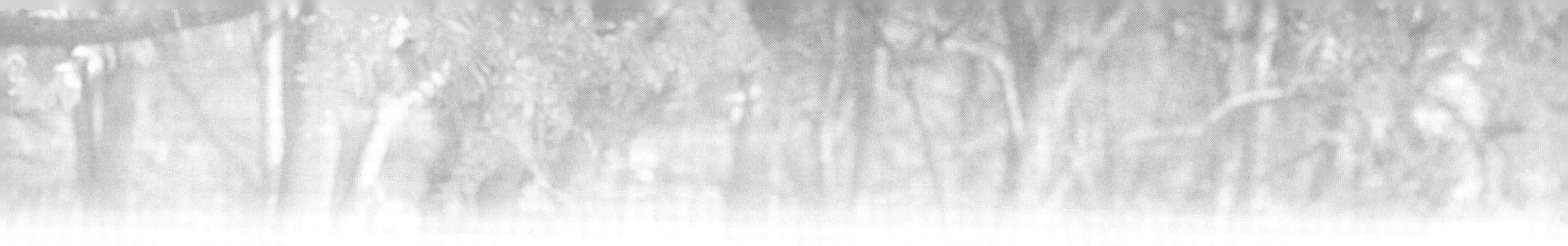

生活工芸双書 漆《うるし》 目次

代表的な漆器産地

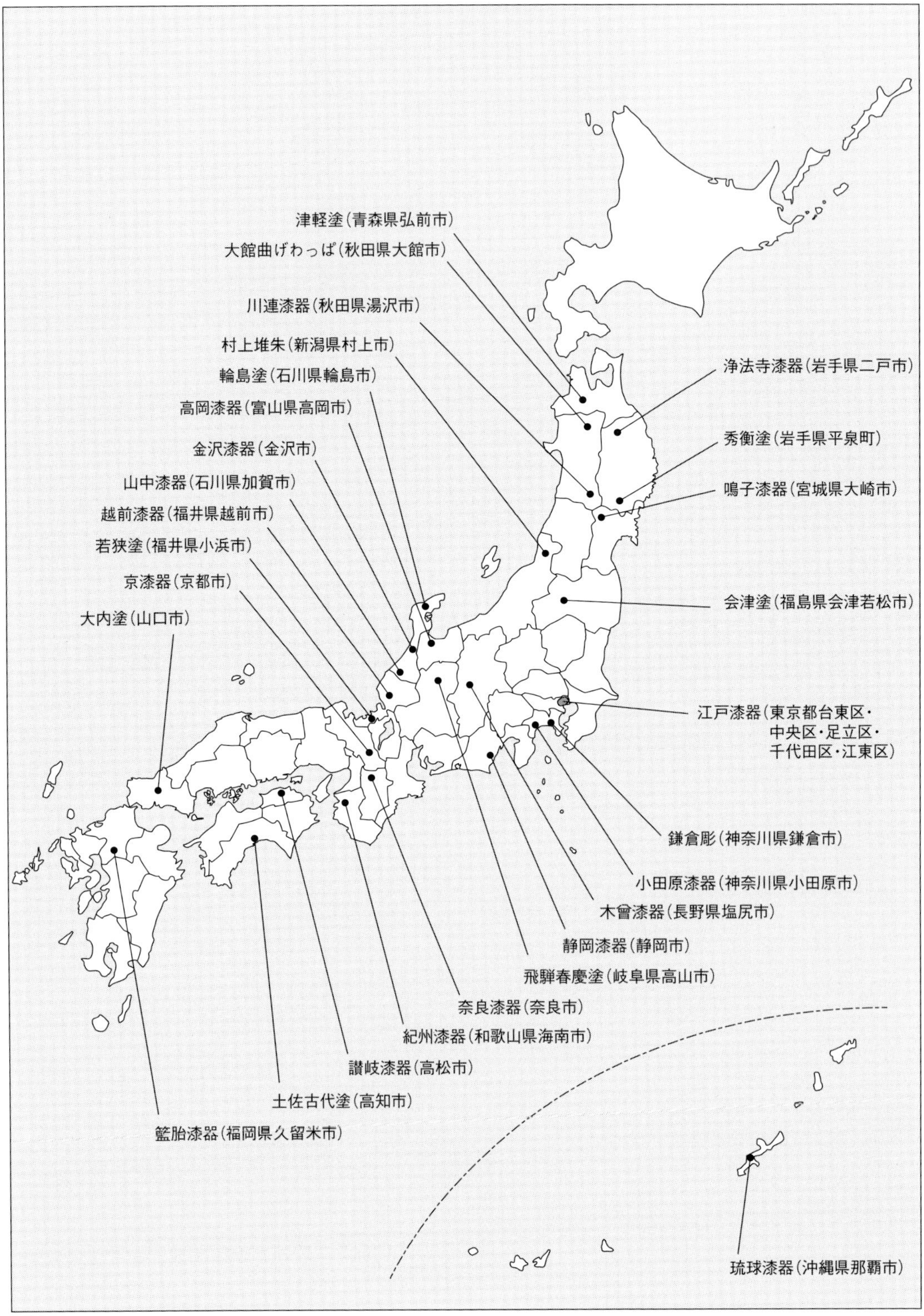

津軽塗（青森県弘前市）
大館曲げわっぱ（秋田県大館市）
川連漆器（秋田県湯沢市）
村上堆朱（新潟県村上市）
輪島塗（石川県輪島市）
高岡漆器（富山県高岡市）
金沢漆器（金沢市）
山中漆器（石川県加賀市）
越前漆器（福井県越前市）
若狭塗（福井県小浜市）
京漆器（京都市）
大内塗（山口市）
浄法寺漆器（岩手県二戸市）
秀衡塗（岩手県平泉町）
鳴子漆器（宮城県大崎市）
会津塗（福島県会津若松市）
江戸漆器（東京都台東区・中央区・足立区・千代田区・江東区）
鎌倉彫（神奈川県鎌倉市）
小田原漆器（神奈川県小田原市）
木曾漆器（長野県塩尻市）
静岡漆器（静岡市）
飛騨春慶塗（岐阜県高山市）
奈良漆器（奈良市）
紀州漆器（和歌山県海南市）
讃岐漆器（高松市）
土佐古代塗（高知市）
藍胎漆器（福岡県久留米市）
琉球漆器（沖縄県那覇市）

1章 植物としてのウルシ

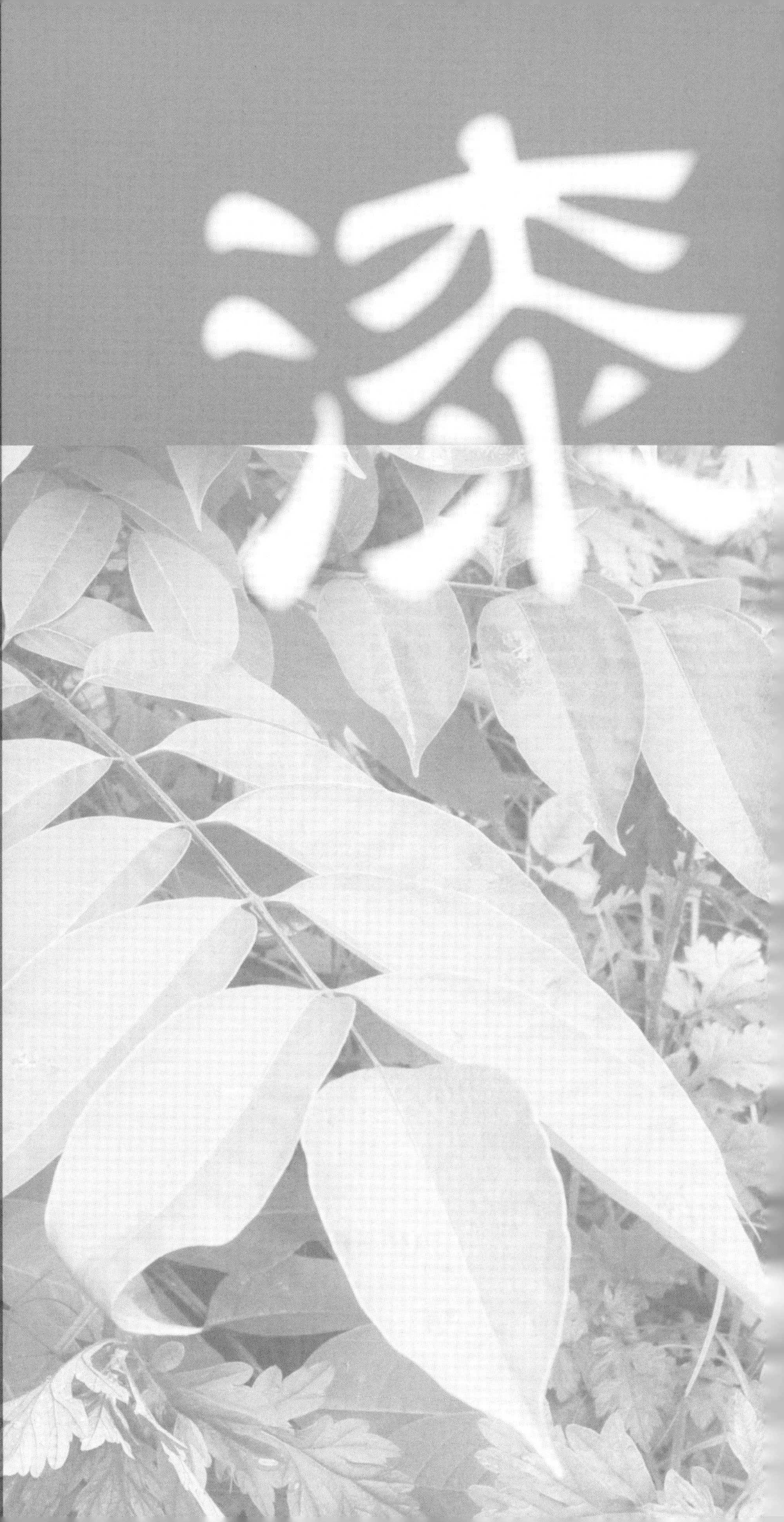

ウルシの起源、分類及び特徴

漆と私たちのかかわりは、どのようなものであろうか？ふだんの私たちの生活の中でほとんど見ることがないウルシだが、ウルシは日本や中国に広く分布しており、それから得られる樹脂を含む木部樹液が「漆」である。

漆は、９０００年前の縄文時代早期から用いられてきた天然素材や食器（漆器）などに使われるだけでなく、国宝や重要文化財建造物の保存・修復に欠かせない存在となっており、日本人はウルシと長いかかわりをもって生きてきた。

浄法寺町のウルシから採取された漆

ウルシ

●原産地・来歴とウルシの仲間

ウルシは中国揚子江中・上流域から東北部が原産地といわれ、縄文時代の遺跡から出土することが知られており、この時期に渡来していたと考えられる。その後、時期を異にして複数回日本に渡来し、現在のウルシ林が確立したと考えられている。

ウルシ（学名*Toxicodendoron vernicifuluum*）は、ウルシ科（Anacardiaceae）ウルシ属の落葉高木の一種で、この仲間は熱帯から温帯に81属８００種ほどあるといわれている。同じウルシ科に属する種には、果樹のマンゴー、ナッツ類のピスタチオやカシューナットノキなどが含まれる。

また、日本に生息する同じウルシ属には木蝋《もくろう》などを生産するハゼノキのほかに、ヤマウルシ、ヤマハゼ、ツタウルシ、近縁のヌルデ属には、五倍子《ごばいし》を生産し、タンニンの原料となるヌルデがある。

このようにウルシの仲間には、私たちに身近な種が多数

マンゴー

ハゼノキ

ハゼノキから採取した木蝋

ヤマウルシ

ツタウルシ

ヌルデ

存在している。

●分布と特性

日本の森林においては、ハゼノキやヤマウルシなどウルシ属の樹木は自生しているが、ウルシの自生林は非常に少ないといわれている。

一方、ウルシの原産地である中国では、森林帯と内部のステップの境界付近にウルシが自生しているという。

ウルシは日当たりのよい場所を好む陽樹で、植生遷移で最初に発生するパイオニア的な樹種であると考えられている。また、ウルシは非常に生長が早いが、他の樹種に比べ開葉が遅く、黄葉や落葉が早いのが特徴である。

●形状

ウルシは25mにおよぶ高木となるが、寿命は比較的短く、100年を超えるものは稀である。葉は奇数羽状複葉、9～15枚の小葉からなり、葉柄は短軟毛が生えている。木には雌雄があるといわれている。

地域によって異なるが、花は5月下旬〜7月上旬に咲き、1つの花序に数百の花をつける。雄花は雄しべが長い一方、雌しべは非常に短くなっている。雌花は雄しべが短く、花粉の入った葯《やく》も退化している一方、雌しべは太く突き出ている。

果実は直径5〜6㎜で、扁平で楕円形から腎形で、中に2㎜程の扁平なだるま型の種子が1つあり、蝋状の膜、淡黄色の厚い果皮に包まれている。果実は鳥類によって散布されるといわれている。

葉の付き方は奇数羽状複葉

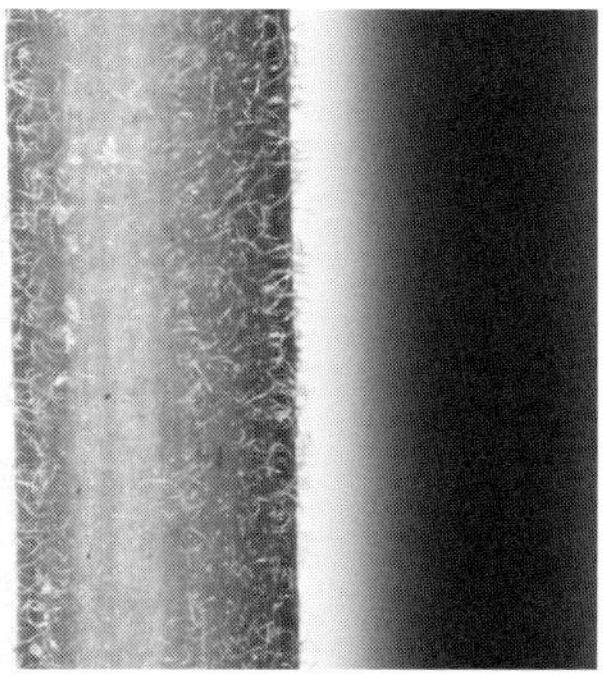
葉柄の短軟毛

雄花

●ウルシの構造と傷害応答メカニズム

ウルシには、内樹皮において樹脂を分泌するエピセリウム細胞に囲まれた樹脂道(乳管、漆液溝などとも呼ばれる)が、樹幹の垂直方向と水平方向にネットワークを形成している。樹脂は樹脂道と呼ばれる細胞間隙に蓄積されており、多くの抗菌性物質を含んでいるため菌類などの繁殖を抑制する働きがあると考えられている。

一方、樹脂は空気に触れると揮発性物質が蒸発して粘性を増した後、固化する。幹に傷がついた場合、傷口から樹脂を流出し固化することで、菌類や昆虫などの侵入を防ぐと考えられる。ウルシでは樹脂道のほかに、形成層が傷つけられると傷を治すために、傷害樹脂道(傷害乳管とも呼ばれる)が初めて内樹皮の

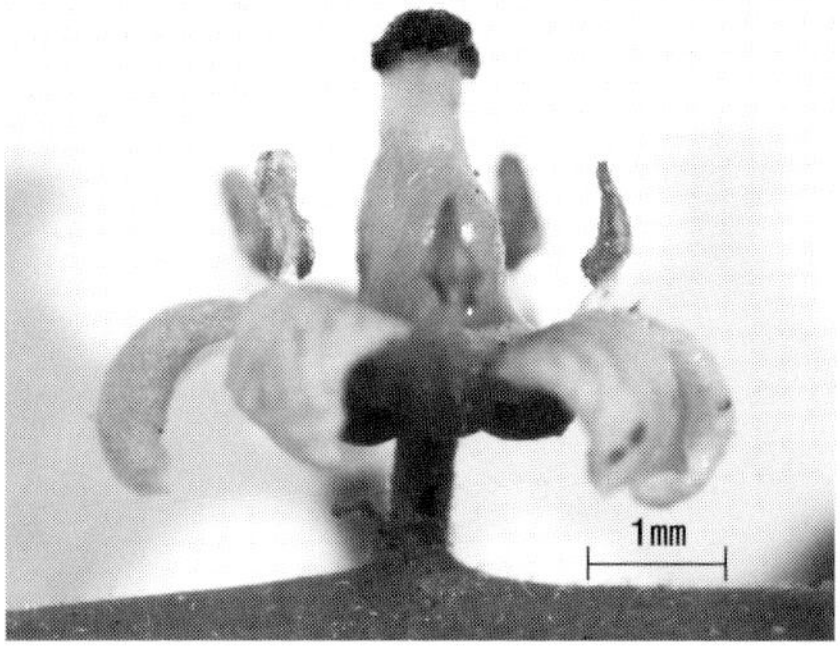

雌花

果実

形成層外側に形成される。

　漆掻きによって傷つけられると、形成層の内側にある辺材の一部まで傷がつくため、樹脂と一緒に辺材に流れている木部樹液が流出する。

種子

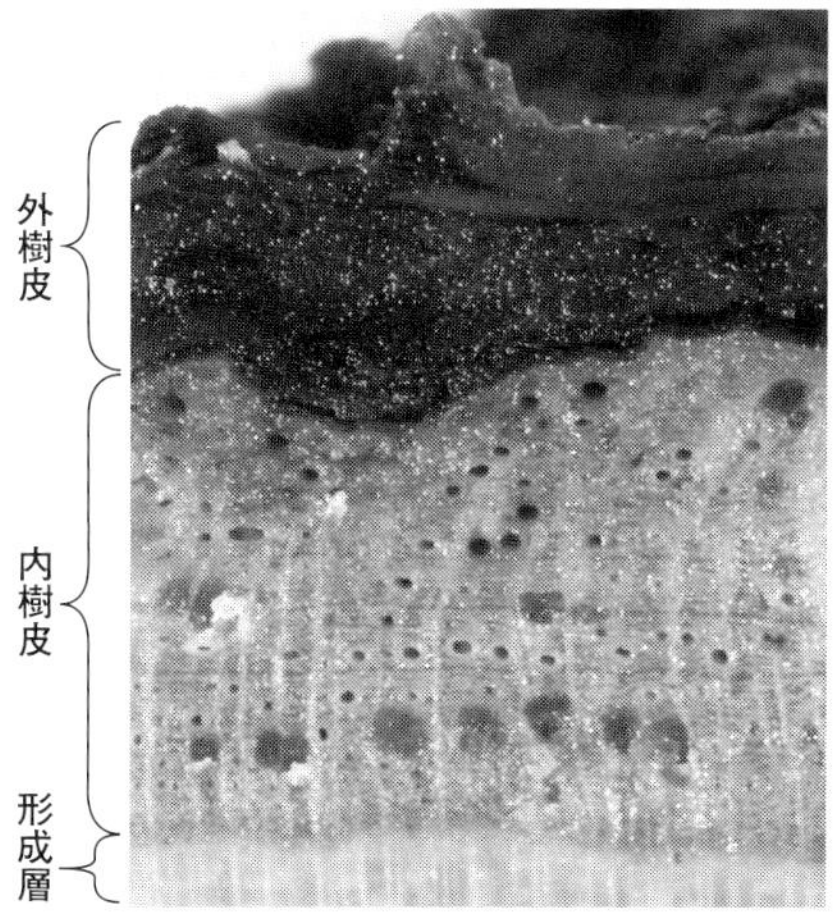

内樹皮

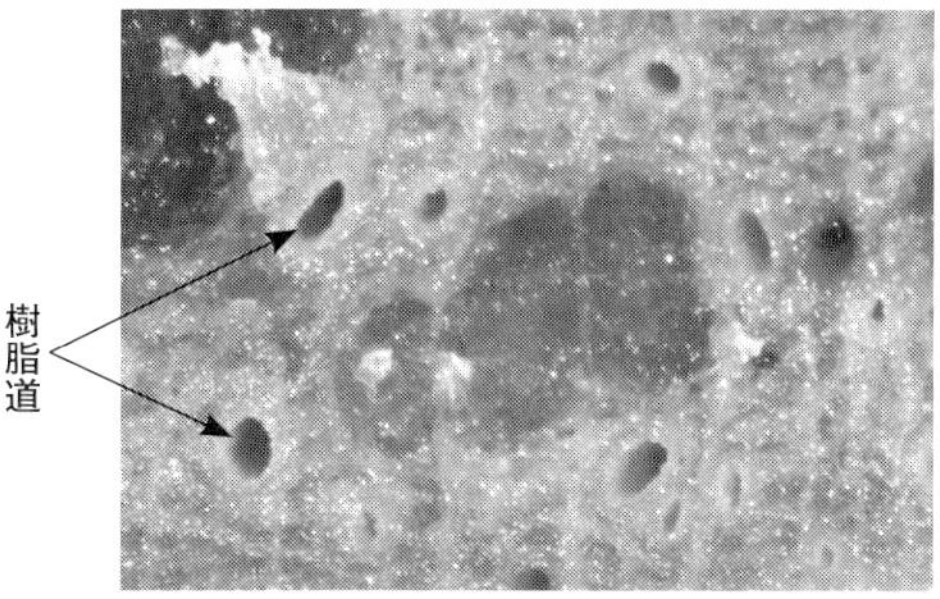

樹脂道

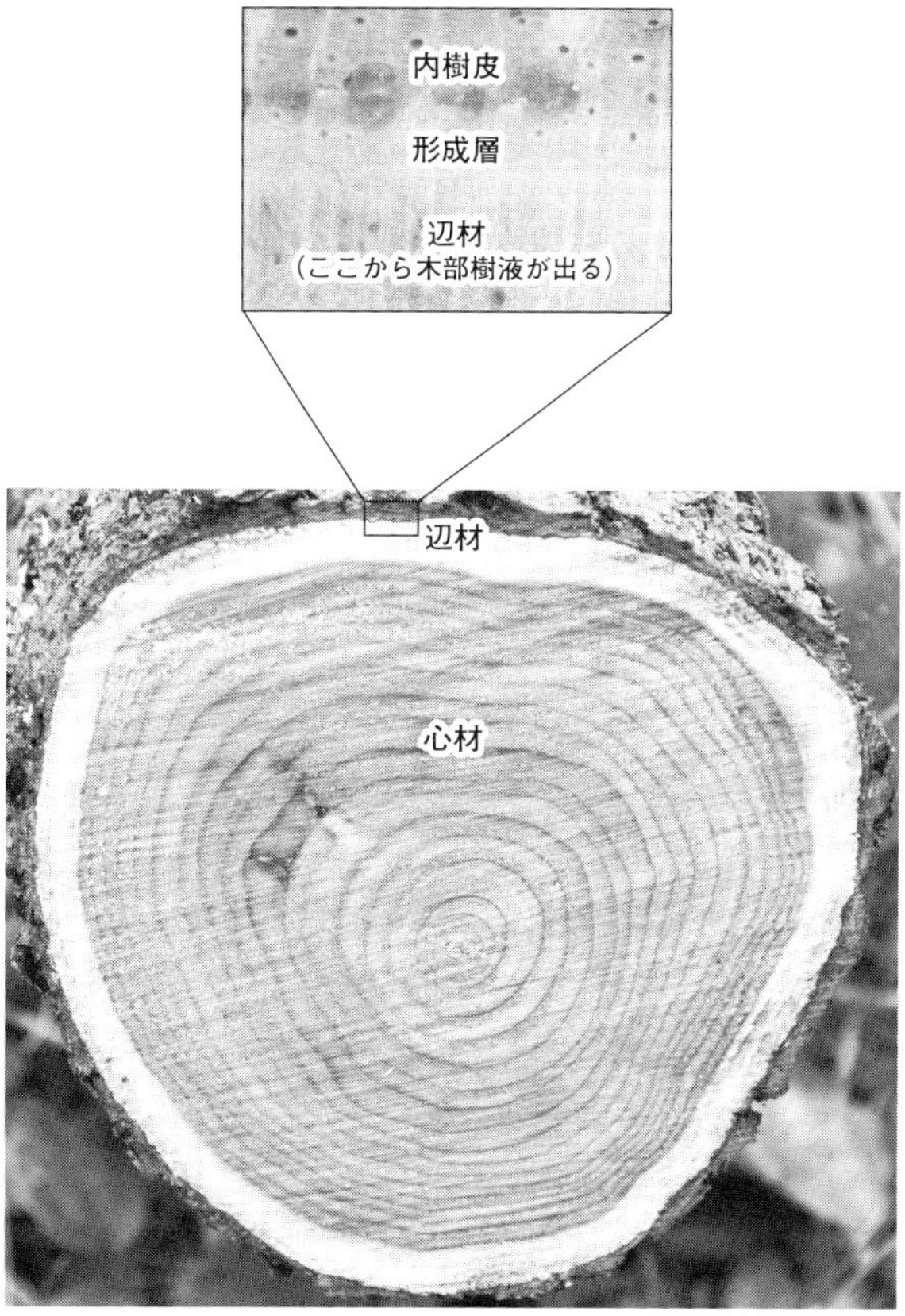

ウルシ幹の横断面

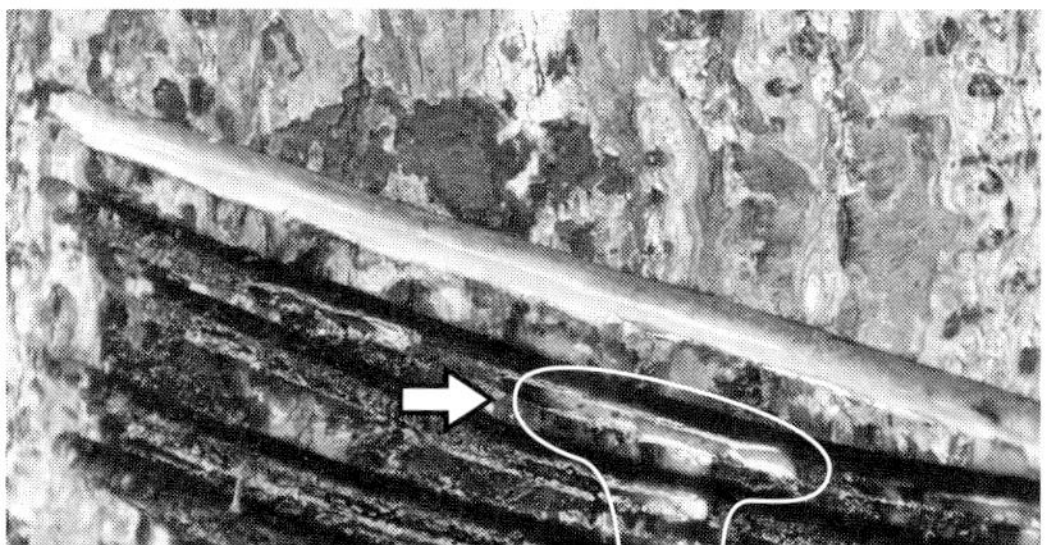
搔きあとから白く流れ出る漆（マークした部分）

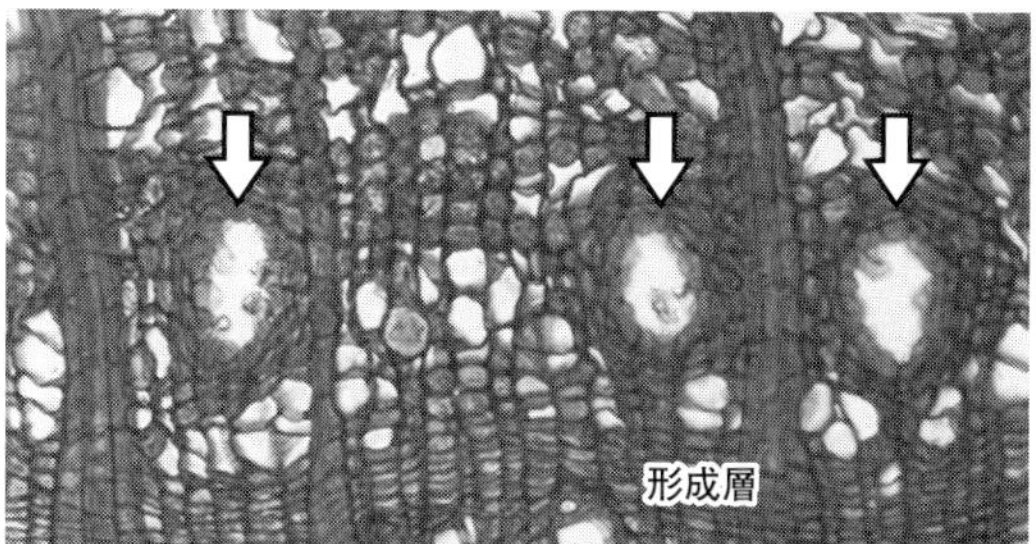

傷つけられてできた傷害樹脂道（矢印）

ウルシの植栽と更新

日本のウルシ植栽地

●ウルシの植栽地

日本において北海道では網走市、本州では北から青森県弘前市、八戸市、岩手県二戸市、八幡平市、秋田県湯沢市、山形県真室川村、長井市、福島県会津若松市、喜多方市、新潟県村上市、茨城県大子町、常陸大宮市、群馬県上野村、石川県輪島市、長野県長野市、松本市、木曽町、岐阜県飛騨市、京都府福知山市、奈良県曽爾《そに》村、岡山県真庭市、新見市、広島県安芸太田町、四国では徳島県三好市、高知県大豊町などで植栽され、漆が採取されている。

●実生苗と分根苗

【実生苗】

ウルシ林を更新させるにはまず植栽用の苗木をつくる必要がある。そのためには、有性繁殖による(種子に由来する)実生苗で育てる方法と、無性繁殖による(分根に由来する)分根苗で育てる方法がある。

実生苗

実生苗は一度に多く生産でき、遺伝子もいろいろな組み合わせができるため、広い面積に病虫害に強い林をつくるのに役立つ。実生苗による更新は、日本の漆生産の7割を占める岩手県二戸市で行なわれている。

分根苗

実生苗育成の手順については、国立研究開発法人森林研究・整備機構森林総合研究所でつくったマニュアル(同資料のP8、実生苗の育成)に記載されている。

よい実生を得るには授粉・結実・発芽に至る過程が健全であることが必要である。そのための条件を調べた結果、ウルシにはセイヨウミツバチやコハナバチ類などが訪花し、授粉にかかわっていることがわかっている。

訪花昆虫のセイヨウミツバチ

【分根苗】

一方、分根苗は優良形質個体を効率的に増やすのに有効であるが、増やせる数が限られており、体質が均質(遺伝的に同一)になっていることから、一度病虫害が発生すると、瞬く間に林内に被害が拡大する危険性がある。

現在、分根苗による更新は日本の漆生産第2位の茨城県のほかに、京都府福知山市や徳島県三好市などで行なわれている。分根苗育成の手順については森林総合研究所でつくったマニュアル(同資料のP9、分根苗の育成)に記載されている。

なお、このマニュアルは、森林総合研究所のホームページ(http://www.ffpri.affrc.go.jp/pubs/／研究成果／第3期中期計画成果)から無償でダウンロードできるので、興味のある方は参考にして頂きたい。

【萌芽更新】

漆液を採取するウルシは、実生苗や分根苗から育てたウルシのほかに、「殺し掻き」したウルシの切り株や根から萌芽した樹を育てたもの(萌芽《ぼうが》更新)があり、岩手県二戸市や茨城県などで見られる。

萌芽更新では苗木代や植え付け費用がかからず、下刈りなどの保育・管理費用だけで済む。また、根系がすでに発達していることから、初期生長が早く、漆液を採取するまでの期間が短縮されるなどのメリットがある。

しかし、切り株から出たウルシ（幹萌芽《みきぼうが》）は、雪などで折れやすいといわれることから、積雪地での萌芽更新でウルシを育てる場合には注意が必要である。幹萌芽のほかに、地中（根）から発生した根萌芽《こんぼうが》の育成はあるが、胴枯病《どうがれびょう》（仮称）など病気や密度調整の影響などについて未解明であり、現在、研究が行なわれているところである。

萌芽林

幹萌芽

根萌芽

ウルシの系統と識別

さまざまな性質を持つ苗を実生によってつくり出し、良いと思われる性質、例えば漆滲出《しんしゅつ》量が多い個体を分根によってクローン増殖すれば効率的な生産が可能になると考えられる。

また、優良個体を保存し、優良個体同士を交配すれば次の実生苗は親よりも一層優良になると考えられる。多くの栽培作物ではこの方法を繰り返すことで優良化を進めてきた。

全国で見られる漆滲出量が多い優良系統は少なく、現在わかっているのは茨城県で選抜された5クローンのほかに、新潟県と石川県でそれぞれ2クローン、岐阜県、京都府、徳島県でそれぞれ1クローン、合計12クローンのみである。

ウルシは分根による栄養繁殖が可能な樹種であり、これまでのプロジェクトで開発されたDNAマーカーを適用した結果、漆滲出量が多い個体が分根によって増殖されたクローンであることが判明している。

（田端雅進）

茨城県の優良クローン

新潟県の優良クローン

徳島県の優良クローン

漆にかかわる縄文時代の遺跡

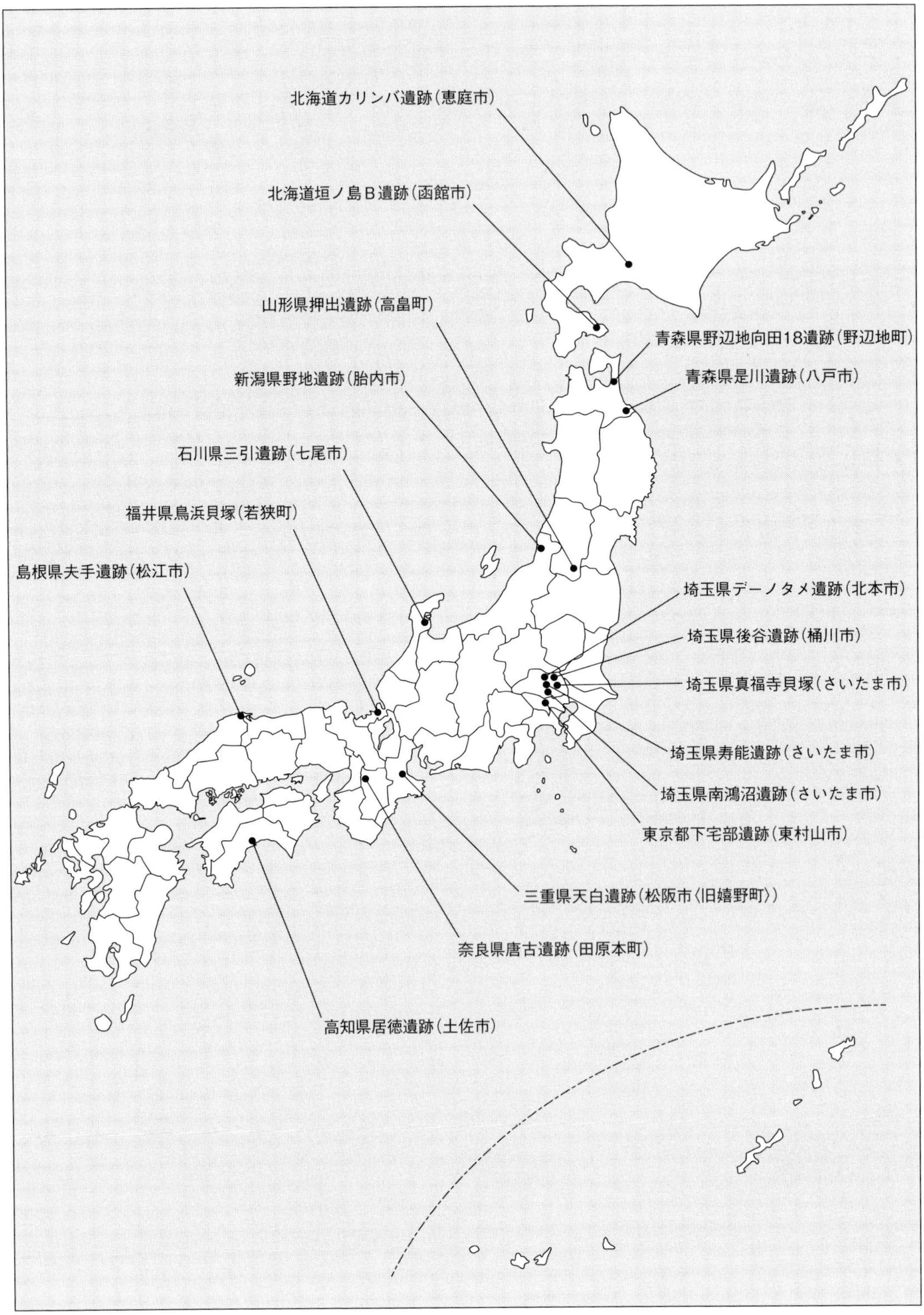

2章 漆利用の歴史

縄文時代の漆工芸

●漆器の発見と泥炭層遺跡

漆の利用技術が確立するのは縄文時代である。日本の考古学ではすでに戦前から漆器の存在が注目され、その技法や起源に関する研究も進められてきた。

1925(大正14)年に、考古学者の大山柏《かしわ》(1889〜1969年)は、埼玉県真福寺《しんぷくじ》貝塚(さいたま市)の泥炭層中より採取された遺物の中に、赤漆を塗布した漆器片らしい遺物を確認し、遺跡の発掘調査を実施した。

真福寺貝塚で発掘した縄文時代の漆器類(写真:杉山寿栄男の図集)

さらに、1929(昭和4)年には青森県是川《これかわ》遺跡(八戸市)の発掘を実施し、縄文時代晩期に、良好な遺存状況の漆製品が存在することを確認した。図案家として知られた杉山寿栄男《すえお》(1885〜1946年、縄文土器やアイヌ工芸の収集・研究でも知られる)は、是川遺跡の漆製品の数々を、正確なスケッチとともに、カラー刷りの図版集としても刊行し、石器時代の漆工芸を紹介した。

また、西日本では、奈良県唐古遺跡などの調査によって、弥生時代前期に彩文の土器が発見されているが、それが漆であるか否かの検討は、具体的には行なわれなかった。

このように、すでに戦前から日本の東西で、それぞれに漆製品や彩文土器が出土したことがわかるが、東日本では、縄文時代における漆の存在が議論された一方で、西日本の漆は大陸からの文化的な影響の一端としてとらえられるなど、時代ごとに異なる評価がなされた。

戦後になると、漆製品の発見は泥炭層遺跡の発掘とともに増加するが、その中でも福井県鳥浜《とりはま》貝塚(若狭町)では、縄文時代前期の泥炭層から、容器のみでなく櫛や弓などのさまざまな道具に塗装剤として漆が利用されたことが明らかにされ、1つの画期をつくった。木製容器の未成品などが発見されたことも特筆される。

1980年代になると、関東地方でも、漆製品を大量に出土する遺跡の発見が相次いだ。さいたま市寿能《じゅのう》遺跡は、縄文後晩期の泥炭層遺跡であり、ここからは豊富な縄文後期の漆製品が出土している。

1990年代には、東京都下宅部《しもやけべ》遺跡(東村山市)の調査が行なわれ、縄文時代後期の泥炭層から、土器や木製容器や飾り弓など、多種多様な漆器の出土が認められるようになり、漆利用の実態が明らかにされた。とくに注目されたのが、樹種同定によって判定された、樹皮に傷がつけられたウルシである。ウルシは虫媒花であることから、花粉はそれほど遠くまで飛散しない。そのため、下宅部遺跡ではその周辺に漆の木が生えていたことが推測された。

同様の事例は、各地の遺跡でも増加しつつあるが、それは遺跡から出土する樹木の樹種同定が進められたからであり、他の遺跡でも、本来は相当数のウルシが存在したはずである。先述の下宅部遺跡では、ウルシは杭として用いられていた。ウルシは、軽くて水気に強く、民俗事例のなかには、漁労の浮子に使われたものがある。

遺跡から発見されたウルシと掻き傷（東京・下宅部遺跡）
（写真：永嶋）

ウルシは、樹液が採取できるまでの間、人が管理した林で育てられる場合が多い。手間のかかるこれらの樹木が、縄文人の身の回りに存在したのは、ウルシに限らず、クリやトチなどの有用植物の管理と一体化していたことによる可能性が高い。

●漆利用の起源

近年の発掘調査の進展により、発見された漆製品の製作時期が、従来の認識よりも著しく古くまで遡る可能性が出てきた。

その1つは、垣ノ島B遺跡（北海道函館市）における、縄文時代早期の墓から発見された装飾品である。赤色の顔料を用いた腕輪などの装飾品に、漆利用の可能性が指摘されている。その年代は約９０００年前と推定され、それまでは縄文前期（約６０００年前）と考えられていた年代が、一気に古く考えられるようになった。

ただし、垣ノ島B遺跡の漆の年代は、漆製品そのものではなく、付近の土壌を測定した可能性が残されており、判断は再分析か類似例の発見を踏まえ慎重を期す必要がある。

漆利用の古さを直接的に示すことにはならないが、福井県鳥浜貝塚から出土したウルシの枝は、炭素年代の測定から、1万年を超えることが、近年の再分析でわかってきた。鳥浜貝塚は、草創期の押圧《おうあつ》縄文期から縄文前期を主体とした低湿地遺跡であり、縄文時代前期では、多数の漆製品が発見されている。植物学的に見た場合、ウルシは日本在来の植物ではない。そのため、草創期におけるウルシの枝の発見は、ウルシ自体が日本列島に持ち込まれたことになるが、自生の可能性も含めて再検討の必要性がでてきた。

一方で、ウルシの木自体が栽培管理によって、遺跡内に存在したとするならば、日本におけるウルシの利用は縄文時代草創期に遡ることになり、世界最古の漆文化ということになるが、鳥浜貝塚では、草創期の漆製品は未発見である。

今日の漆は塗装を主とした利用方法が知られるが、漆液には接着力があるため、石器を柄に固定する場合や破損した土器の補修剤として利用される事例もある。初期の漆利用が塗装剤であったのか、あるいは石器などの利器の接着剤や補修剤として利用されたかという点は、漆文化の性格を考える場合、重要である。

●遺物にみられる漆の利用技術

漆の利用は、今日的には美しい塗膜を形成する容器の塗彩が一般的であるが、縄文時代には塗料以外に、破損した土器の接着や石器の膠着剤、櫛の塑形《そけい》剤としての利用など、さまざまな利用形態があることが知られている。

装飾性という点では、ベンガラや水銀朱・木炭などを混和することによって彩色塗装を可能とする点、さらに硬化した塗膜がもつ独特の艶と彩色が組み合わさり装飾性を高める点で、独自の素材となる。縄文時代の容器や装飾品が、赤と黒色で装飾できたのは、漆を塗装剤として利用するようになってはじめて可能になったと考えられる。

塗装以外では、粘土や木くず（木屎）を混ぜてパテ状にしたものを、破損面に充填したり、または芯材を巻き込んで塑形剤として用いたりする技術も、縄文時代前期においてすでに存在しており、以後の漆利用の技術的基盤はすでに整っている。

(1) 漆工芸にかかわる道具

縄文時代の漆は、塗料として利用される場合が多いので、こ

写真1　赤色顔料の原石と磨石（埼玉・後谷遺跡）

写真2　赤色顔料と石皿（青森・土井1号遺跡）

こでは漆だけでなく、顔料の原料や漆工にかかわる道具なども含めた説明を加える(写真1～7)。また、縄文時代の漆器製作工程を上図に示す。

図1　縄文時代の漆器の製作工程

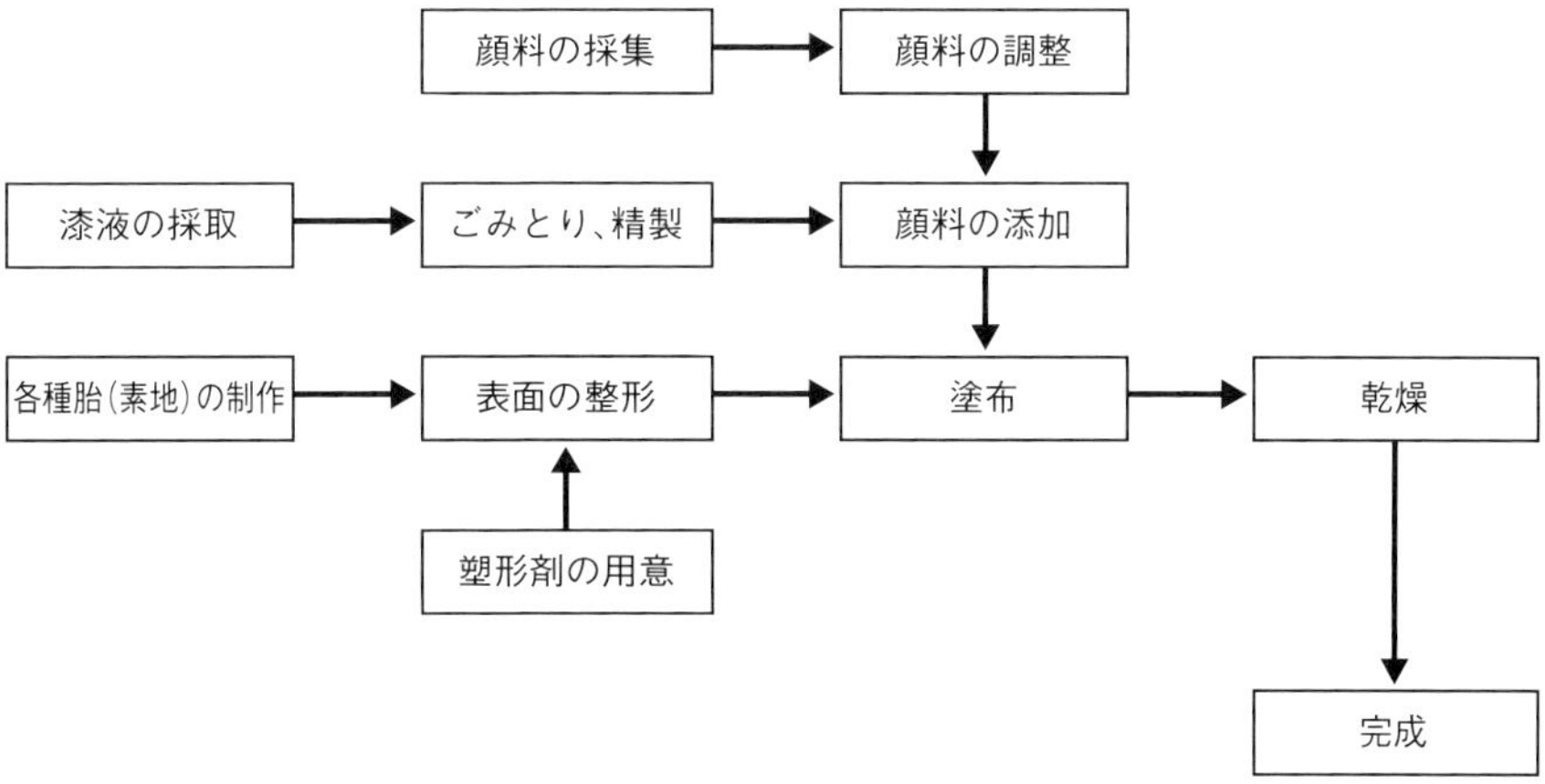

・顔料の原料と調整具

漆に混ぜる顔料には、ベンガラと水銀朱がある。ベンガラはバクテリアがつくり出すパイプ状ベンガラと、岩石を粉砕して精製したもの(酸化鉄)がある。

岩石を粉砕してつくるベンガラの産地としては、青森県赤根《あかね》沢《さわ》(今別町)が有名な産地であり、江戸時代に採掘された記録が残されている。原料の粉砕に、石皿や磨石を用いる事例がある。

写真3　赤色顔料を貯蔵した土器(青森・是川中居遺跡)

埼玉県桶川市後《うしろや》谷遺跡や、東京都下宅部遺跡は、縄文後晩期の集落遺跡であるが、ここでは、赤色顔料の材料である赤色岩石と、顔料が付着した石皿、敲石《たたきいし》が出土している。

また、土器の内部に漆樹液を蓄えた貯蔵容器や、漉し布の出土例、採取した樹液を精製した道具類が出土する事例もある。さらに、パレットとして利用された漆付着の土器などは、漆工芸を担う集団の存在を示す証拠として重要である。岩石由来のベンガラの場合、その材料の加工は岩石の粉砕・水簸《すいひ》(比重の違いで流水により鉱石を選別する。砂金の採取などで使われる)などの工程が想定されるが、生漆を貯蔵した土器は、島根県夫手《それて》遺跡(松江市)の縄文前期を最古の例として、以後各時期の出土事例が確認できる。未精製の生漆を貯蔵した事例や、顔料を調合した精製漆を貯蔵した事例などもある。

三重県天白《てんぱく》遺跡(松阪市)からは、水銀朱を加工するとき

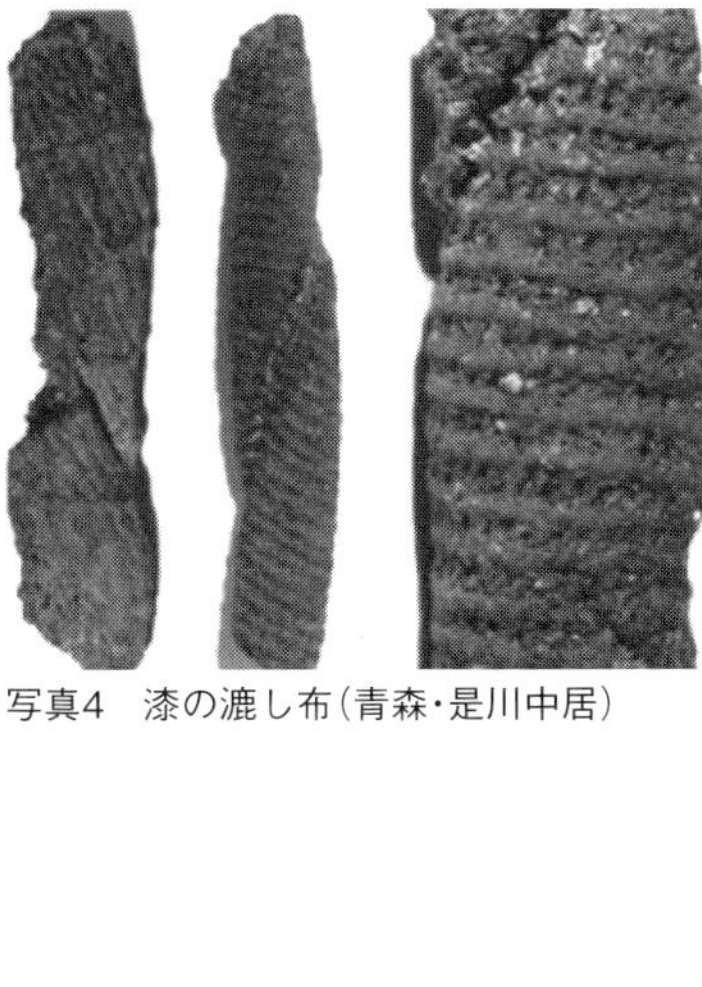

写真4　漆の漉し布(青森・是川中居)

写真5　縄文前期の漆容器(島根県・夫手遺跡)

写真6　漆を貯蔵した土器(青森・是川中居)

写真7　漆塗りのパレット(東京・下宅部遺跡)

に用いた赤色顔料の原料と、顔料の付いた磨石(埼玉・後谷遺跡)、石皿と磨石が出土している。これらの遺跡は顔料の調整加工を行なった遺跡であることがわかる。水銀朱は原産地が限定されており、関東地方では、縄文時代後期中葉に利用例が増加するため、近畿地方や東北地方から流通した可能性が高い。顔料自体が流通したこともわかっている。

・漉し布

縄文時代晩期になると、新潟県野地《やち》遺跡(胎内市)や青森県是川遺跡(八戸市)などで、漆液を生成するために、漉し布状の繊維製品が出土している。

現在では、和紙を用いて同様の手法で漆を漉している。出土品では、細かい布が捻れて棒状の状態で固まった状態であり、黒色のものと赤色のものがある。とくに赤色のものは、生漆に顔料を混ぜたものを漉して、赤漆を精製したものと考えられる。布だけでは残存が難しいが、漆が繊維をコーティングして、塗膜と共に残存したものである。

・漆を貯蔵する容器

漆が、土器の内面に蓄えられたことを示す資料があり、漆を貯蔵した容器と考えられる。発見されたものは、いずれも小形の土器に限られている。これらは、貯蔵専用に製作されたと考えられる土器ではなく、むしろ破損した土器の底部などを貯蔵用に再利用したものが、圧倒的に多い。

これらの土器の内面に、漆が乾燥して縮み器面に付着した状態で観察できる場合が多い。

付着した漆には、褐色の生漆と考えられるものと赤色顔料を混和したものがある。また、中にはパレットとして利用された容器もある。

これらの遺物から、漆液は採取されたあとに一定期間保存管理されていたことがわかる。その期間が、どの程度のものであったかは不明であるが、漆を塗る作業時間が、比較的長期にわたり管理されていたとすれば、漆工芸の、時間的計画性を示唆する事象として興味深い。

縄文時代には、石や木や骨などのさまざまな素材を用いた道具が発達するが、現時点では、顔料の生産から漆貯蔵に至るまでの過程で、漆工芸に特化した道具類の発見はなく、いずれも転用品で構成されている事実は不思議なことである。また、そのことは、それほどまでに、臨機応変に漆工芸が身近に行なわれていたことを意味するのかもしれない。

⑵ 漆の利用方法

・石鏃を接着した事例

石や木などの異なる材質を接着するために、漆が用いられた事例もある。

さいたま市南鴻沼《みなみこうぬま》遺跡からは、縄文時代後期の泥炭層から石鏃《せきぞく》(石のやじり)と矢柄《やがら》(やじりを付ける矢の本体)が接着された事例が報告されている(図2)。縄文時代では、漆以外にも秋田県や新潟県で産出する、天然アスファルトの利用も知られている。

南鴻沼遺跡の事例では、石鏃の抉り部分に付着した状況が観察され、矢柄と石鏃が接着されたことがわかる。また、同一箇所から採取された他の試料からは、アスファルトが検出されており、両者が混和されて利用されたのか、または一度はずれた石鏃を再度接着する際に、接着剤を分けて利用した可能性もある。漆と石器を接着する際には、粘度を高めた状態での利用が想定されるが、その調整技術については不明である。

同様に、石鏃と矢柄を装着した事例としては、さいたま市寿能遺跡の縄文後期の事例があるが、化学分析は行なわれていない。漆は、石と木など異なる材質の接着剤としても利用された。

図2　漆で接着された石鏃

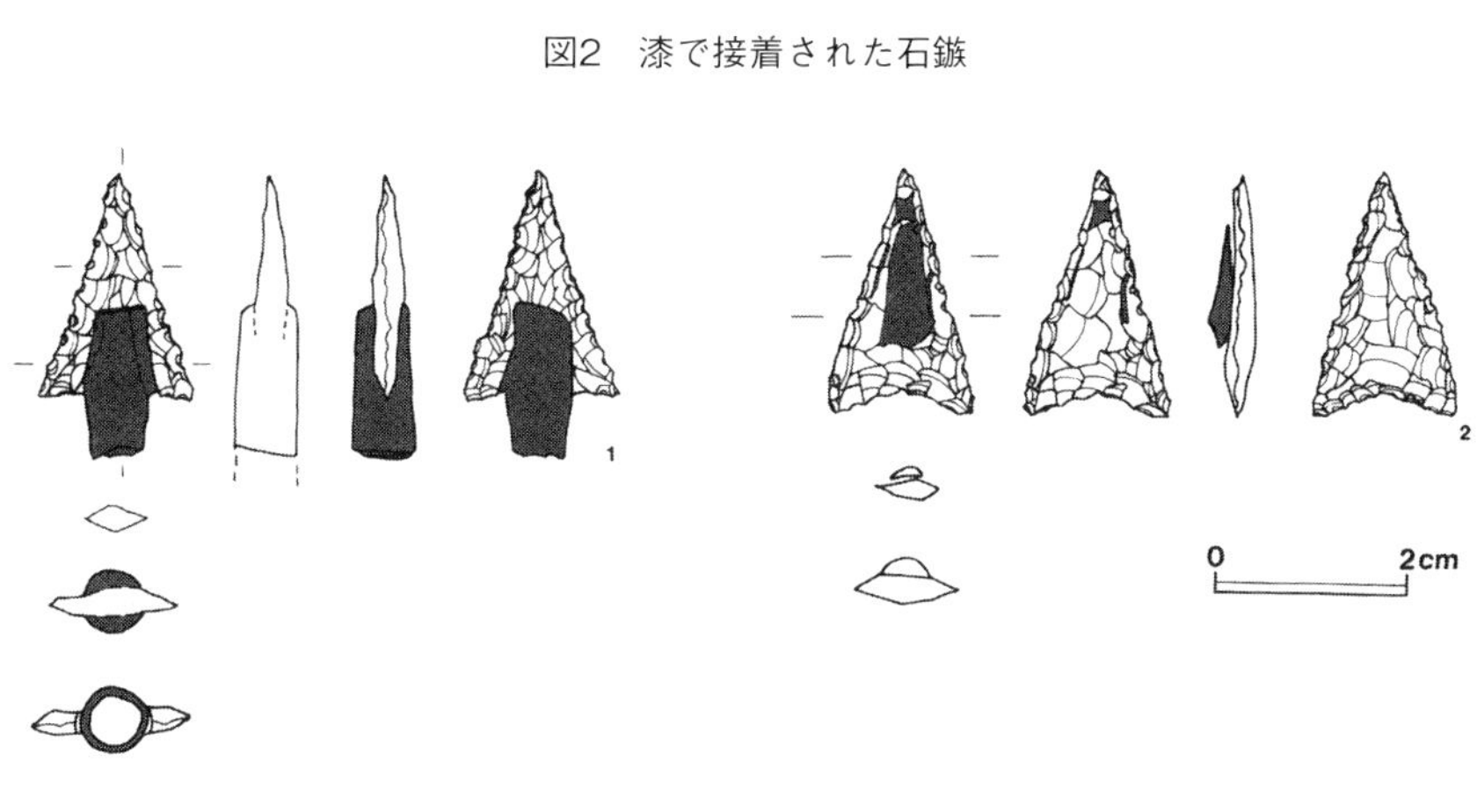

・土器を接着・補修した事例

容器が破損した際の接着剤として漆を用いた事例として、土器の接合例がある。

写真8-1　アスファルトで補修された土器（さいたま市寿能遺跡）

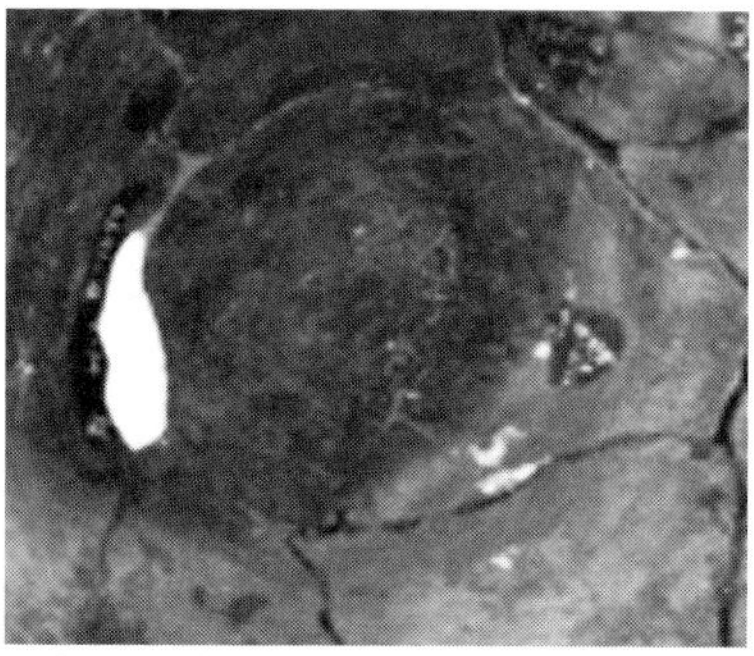
写真8-2　補修部分の拡大

東京都下宅部遺跡からは、縄文後期中葉の加曽利《かそり》B式土器の破片断面に漆が付着した事例があり、破損部分に漆を用いて継いだことがわかる。鉢形土器の底部が漆で接着されたままの状態で出土した事例としてさいたま市寿能遺跡の事例がある（写真8−1、8−2）。

この試料からは熱分解によりウルシオールが検出されている。土器の断面と内外面にパテのような粘性のある黄白色の物質が付着しており、漆液を混ぜた粘土などを亀裂の目止めとして利用されたことがわかる。この土器は非煮沸系容器のため、漆で接合しただけでその後も容器としての利用に耐えたのであろう。

新潟県野地遺跡（胎内市）では、縄文晩期の土器で異なる補修状況を示す土器がある（補修の方法がいくつかあることを予想させるものである）。

写真9−1は、晩期の浅鉢形土器であるが、底部の中心部分に穴があいており、この部分にパテ状の漆を利用して補修を行ない、その上から赤漆を塗布したもので、一見すると補修の痕跡がわからないほど精巧な技術である。

写真9−2は、壺形土器の胴部であるが、破損した亀裂の両側に一定の間隔で黒漆が残存している。この部分をよく観察すると、亀裂を覆うようにして漆を塗り、その上に包帯様の補修物を充て、再度漆を塗布した状況が想定できる。このように、亀裂部分の補

写真9-1　漆を詰めて補修した赤色漆塗り土器（新潟県胎内市野地遺跡）

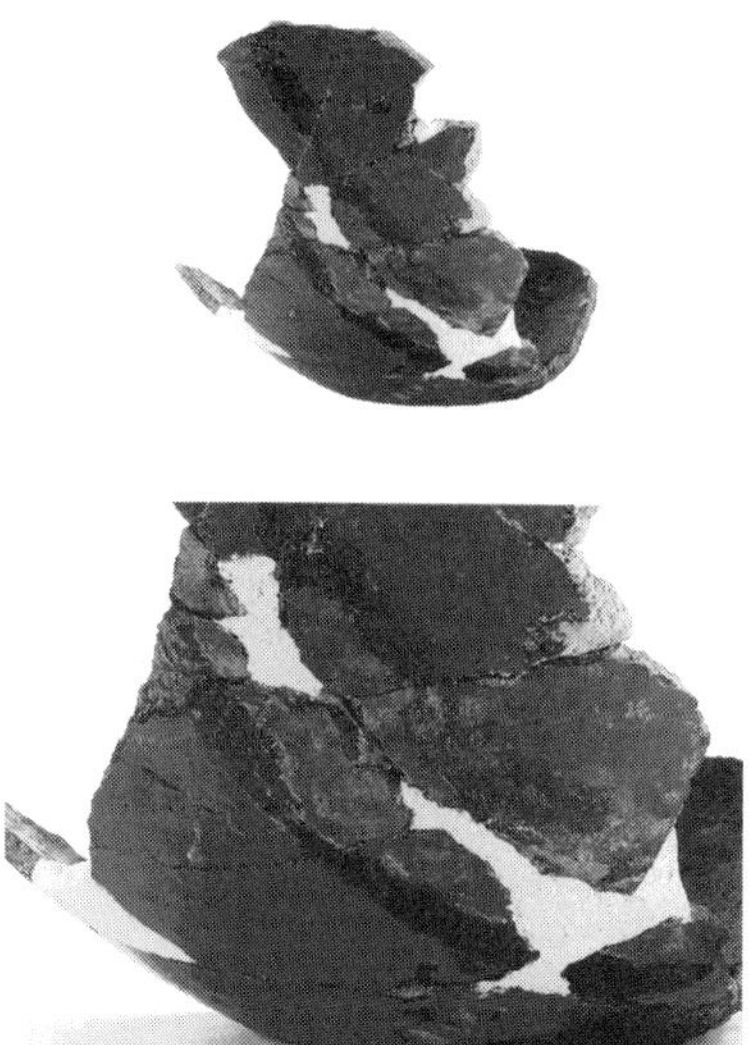
写真9-2　バンド状に漆で補修した赤色漆塗り土器（新潟県胎内市野地遺跡）

修技術としては、破損断面に接着剤として利用する技術と共に、複数の補修技術が存在したことがわかる。

漆を用いた土器の補修痕は、低湿地遺跡において良好に残存するため、今後も注意して出土品を観察することによって、より多くの発見が見込めるであろう。

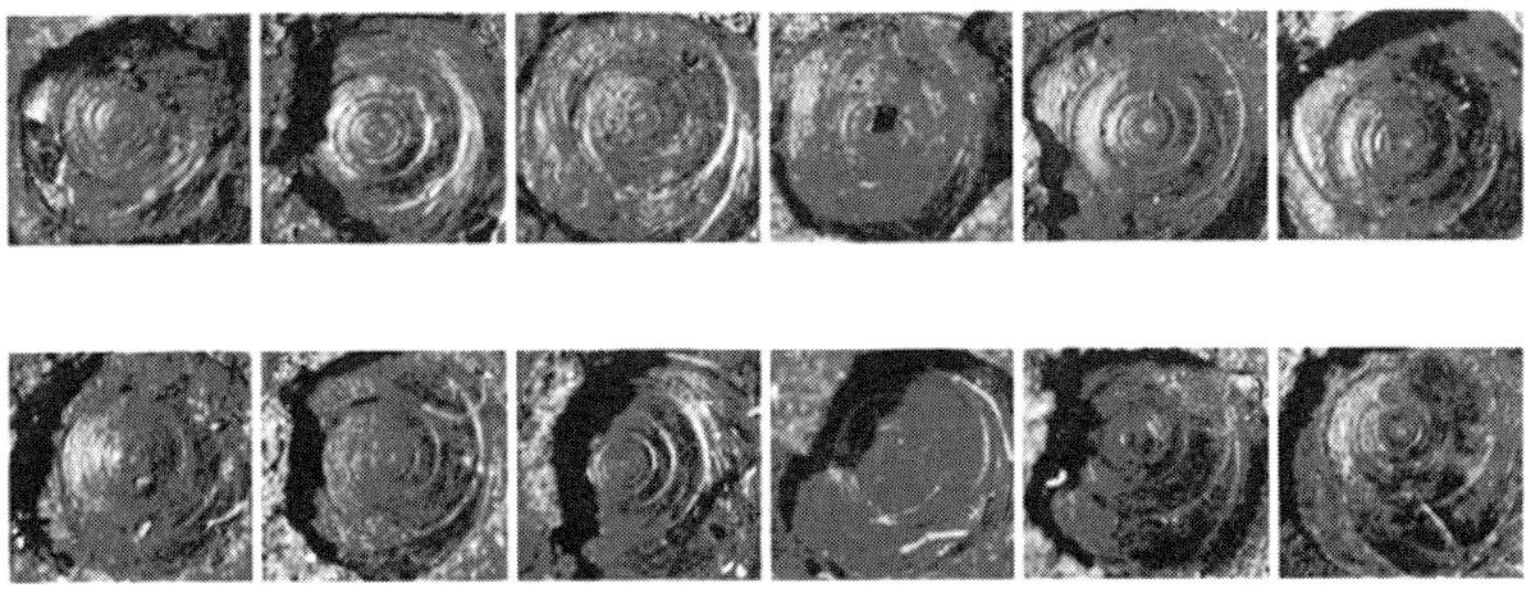
写真10-1　青森県野辺地向田18遺跡の象嵌漆器。巻貝の蓋を貼り付けた痕跡（写真：地中の森ミュージアム）

写真10-2　巻貝の蓋を貼り付けた突起付容器

(3) 象嵌

青森県野辺地《のへじ》向田《むかいだ》18遺跡（野辺地町）では、木製容器の口縁部の突起の上端に、巻貝が漆によって貼り付けられた痕跡を残す容器が発見されている（写真10−1、2）。貝自体は消失しているが、漆塗膜の上に、巻貝の蓋の圧痕が一列になって確認できるもので、色彩的にも装飾性が高かったに違いない。

山形県押出《おんだし》遺跡（高畠町）の木製品にも、象嵌《ぞうがん》の痕跡がある。容器の口縁部に、クロダイの歯のような半球状のものが、漆によって固定された痕跡を残すものである。クロダイの歯は、白い半球状を呈するものであり、赤い漆に白色の歯が象嵌された、色鮮やかな装飾であったに違いない。

これらの事例は、顔料を混ぜた漆樹液が、彩色と接着の２つの機能を併せもった素材として、利用されたことを示している。異なる材質のものを埋め込む技術は、土製装飾品の中に石を埋め込む事例が、東北地方の複数の遺跡にもある。

(4) 塗料としての漆

今日、一般に漆というと、塗料としての性格が一番に連想される。縄文時代では、前期になると土器や木製品、櫛や木製容器などに、赤や黒の顔料を混ぜた漆が用いられるようになる。

微粒に精製した顔料を混ぜて漆を調整する技術は、漉し布などの出土事例からみて、今日とあまり大きく変わらない技術が存在したことを示している。赤と黒による彩色を施す土器は、大半が黒地に赤の彩色文様を描くものである。

近年では、塗膜のプレパラートを作製して、漆塗膜の断面を観察することによって、塗りの回数や漆に含まれる顔料の種類などを、判定できるようになってきた。

こうした研究によると、塗膜は3回から4回程度の塗りの回数を重ねていることや、下地塗りと呼ばれる技術が存在したことも明らかにされてきた(「漆の利用と技法　素地の選定と木地づくりの技」の項参照)。こうした技術や工程も今日の漆工芸に類似している点が多い。

・漆糸

細い繊維を撚り合わせ漆で固めた糸を、さらに2本撚りにして、漆で固めた糸の出土が、縄文時代前期以降の各地の遺跡で報告されている(写真11)。赤漆でコーティングしたものが一般的であり、複数の糸を結んだ糸玉状の成品や単体の糸がある。繊維は水に弱いため、漆は防水の意味もあった可能性があるが、糸自体の利用方法は明らかにされていない。

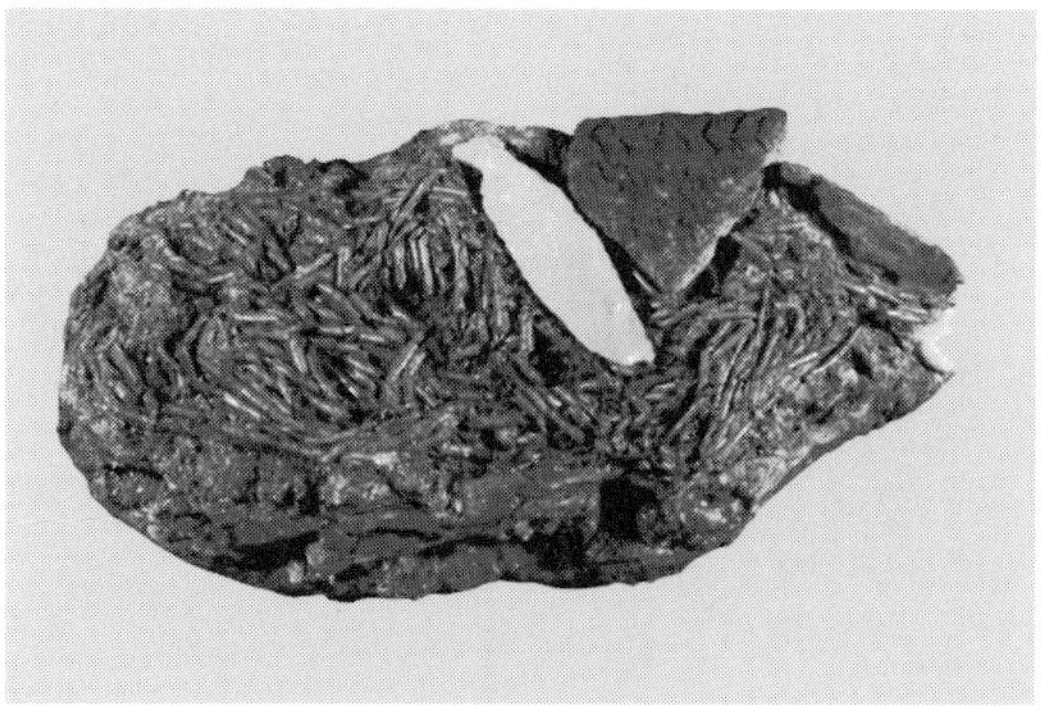

写真11　漆糸(新潟県大武遺跡。縄文前期)(写真:地中の森ミュージアム)

遺跡における漆の利用形態

(1)山形県押出遺跡(縄文時代前期)約6000年前

山形県置賜郡高畠町に所在する押出《おんだし》遺跡は、縄文時代前期後半の遺跡で、白竜湖の湖岸に形成された低地の集落にある。低湿地の遺跡であることもあり、漆製品が良好な状況で検出されており、出土品は重要文化財に指定されているものが多い。漆製品としては、櫛や木製容器、樹皮・繊維製品、漆塗土器などがある。

また、漆を貯蔵保管した土器もあり、この遺跡で漆液が採取・精製され、そこで漆器生産が行なわれたことがわかる。多様な道具類に漆が利用されており、縄文時代の漆工芸は、縄文前期の時期にすでに完成の域に達している。

押出遺跡からは、赤と黒の漆によって仕上げられた、浅鉢形の土器(写真12〜15)が複数出土したことで注目を浴びた。浅いボウル状の鉢形を呈しており、口縁部には孔列がめぐる特徴がある。文様は、赤漆を地に塗った上に黒漆の細線によって曲線を描くものであり、漆描線は幅1〜2㎜の細さである。こうした文様を描くためには、漆自体の粘性を高める工夫が必要であっただろう。土器の特徴は、関東地方の諸磯b式土器であり、

写真12　押出遺跡の漆塗り土器（写真：山形県立うきたむ風土記の丘考古資料館／諸磯式有孔浅鉢

写真13　諸磯式有孔浅鉢。浅いボウル状の鉢形で、口縁部に孔が見える

写真14　諸磯式有孔浅鉢。地に赤漆を塗り、上から黒漆で曲線文様を描いている

写真15　諸磯式有孔浅鉢。口縁部の孔の様子と渦巻き状の文様

遠隔地から持ち運ばれたのであろう。

⑵埼玉県デーノタメ遺跡（縄文時代中期）約５０００年前

デーノタメ遺跡は、埼玉県北本市に所在する縄文時代中期後葉から後期中葉にわたって形成された、大規模な集落遺跡である（次ページ図３）。

中期集落のある台地から下ったところの低地にある遺跡からは、豊富な植物遺体とともに、中期の漆塗土器が多量に出土している（写真16）。漆塗土器は、大型の浅鉢形のものが主体であり、関東地方の中期に特徴的な形態である。

漆は、土器の外面だけでなく、内面に赤と黒で大柄な渦巻文様などを描くものが特徴的である。それ以外に、赤色の漆を用いた糸状製品や、顔料塊と思われる資料なども発見されている。出土地点が台地下の湧水付近であることや、クルミやドングルなどの堅果類が多量に出土していることなどから、低地での活動が活発に行なわ

写真16　漆塗りの土器出土状況

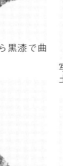

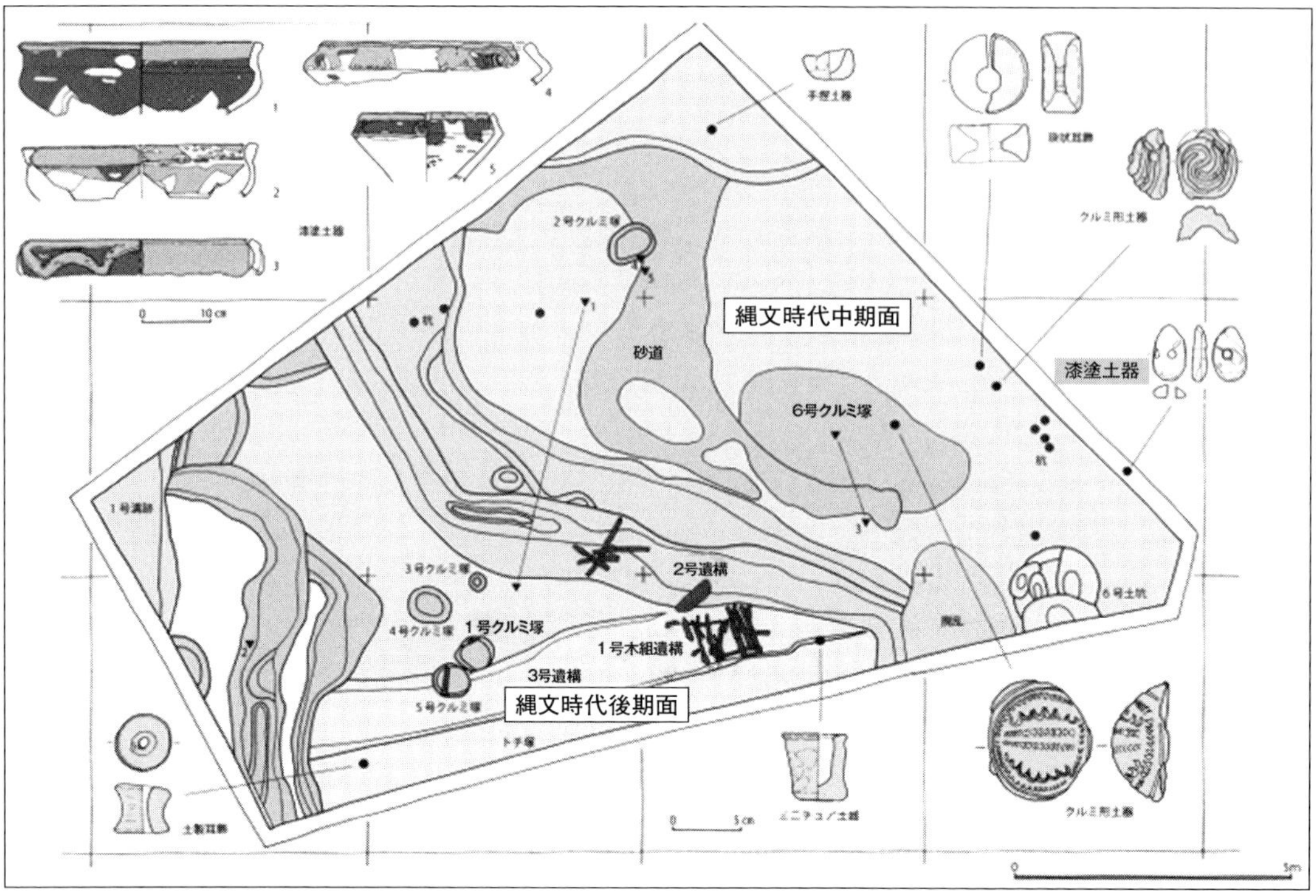

図3　埼玉県北本市デーノタメ遺跡と出土漆製品（北本市教育委員会）／低地の漆器類の出土状況

れたことがわかる。

(3)青森県是川中居遺跡（縄文時代晩期）3000年前

青森県八戸市に所在する是川《これかわ》遺跡は、戦前から大量の漆製品が出土することで著名な遺跡である。低台地上に形成された集落は、周囲に湧水を利用した施設を構築しており、その周辺から多量の遺物が発見されている。

是川遺跡は、さまざまな道具に漆が利用されたことがわかる点で重要である。

漆製品の種類は豊富で高い技術をもっていたことがわかる。写真17は出土した土器を復元したものだが、土器文様を彫刻した木胎容器や高坏がある。弓はサクラの皮を巻いた上に漆を塗った飾り弓であり、精巧な作りになっている。土器以外にも樹皮製容器や籃胎《らんたい》や木胎の容器がある。とくに木胎容器には、土器の形態と文様を模倣したものや、土器でも底部を方形につくり籃の底部を模倣したもの、さらに籃胎で土器の壺の形を模倣したものなど、材質を超えて、お互いの容器の形態を写し取る現象が認められる。これらは、漆が介在して容器間の関係が緊密になり、複雑化したことがわかる。

容器以外では、飾り弓や腕輪、木製の耳飾りなど実に多様な道具に漆が利用されており、ウルシが縄文人の生活に深く浸透していることがわかる。

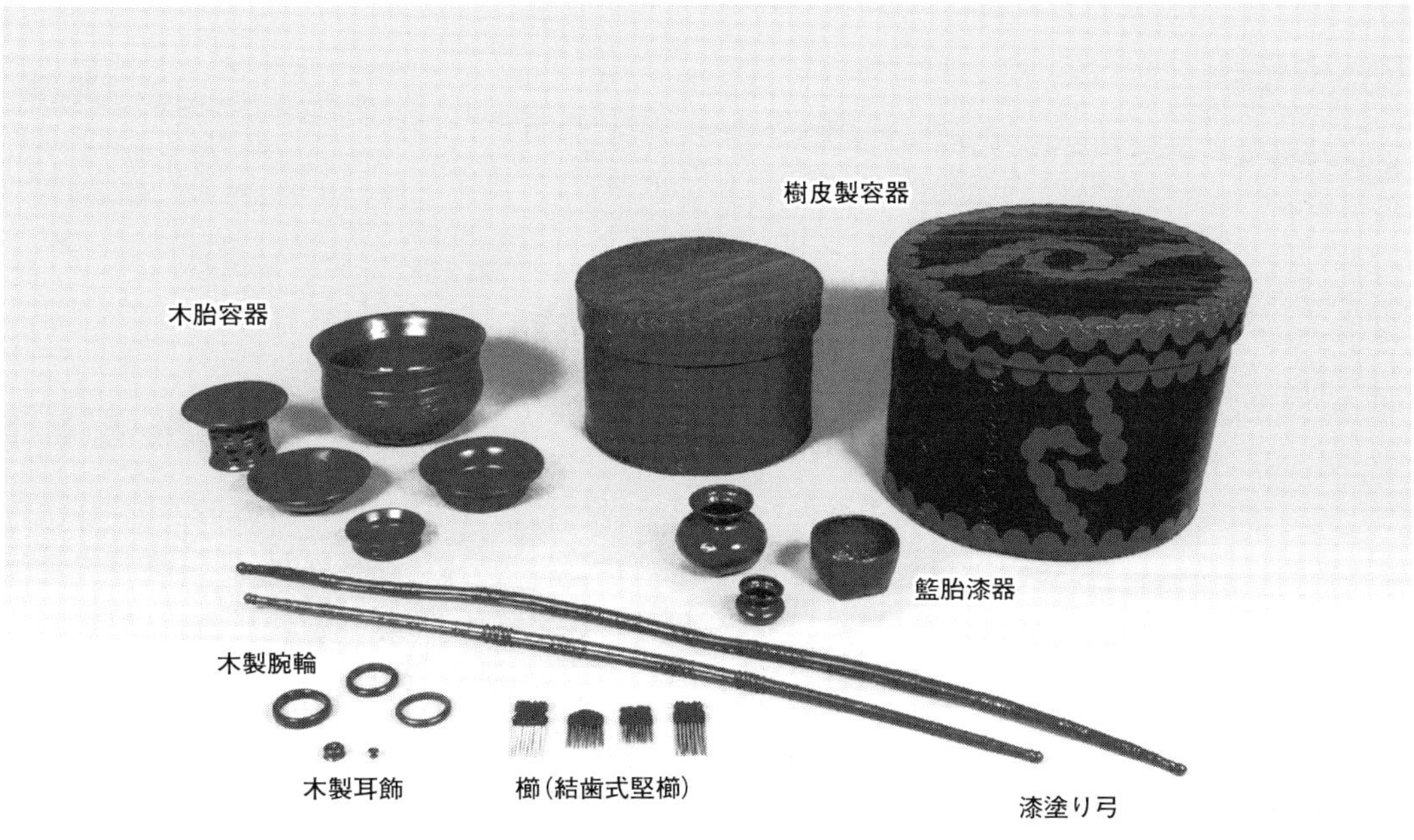

写真17　是川遺跡から出土した各種漆器（復元）

漆工芸からみた縄文時代の地域性

●漆利用にみる縄文時代の地域性

東西に弓なりに長い日本列島は、各地に固有の生態系を形成し、そこに育まれた縄文文化にも、多様な地域性が存在することが指摘されている。なかでも、東日本には落葉広葉樹林帯が、そして、西日本には照葉樹林帯が広く分布し、縄文文化は概ねこの2つの地域で、独自性をもつことが指摘されている。

縄文時代の漆製品は、これまでの発見事例では、ちょうど落葉広葉樹林帯に集中していることがわかってきた。さらに、これらの地域内での漆利用も、単一なものではない。土器に彩色を行なう場合、縄文前期では、2つの伝統の違いがある。

例えば、縄文前期の漆塗り土器が出土した山形県押出遺跡では、地元で製作された大木5式土器には、漆を塗布しない。縄文による装飾が発達しているため、漆で装飾を施していないのである（次ページ写真18、19）。一方、櫛や木製容器類には漆を用いている。

押出遺跡の人々が漆を利用したことは、破損した土器の底部などを用いた漆貯蔵の貯蔵用容器などが出土していることからも、知ることができる。しかし、漆で流麗な文様を描く土器は、

写真18　大木式土器。装飾が発達している

写真19　大木式土器。いずれも漆は塗布されていない

関東地方の諸磯《もろいそ》b式土器に限られている(29ページ写真12〜15参照)。諸磯b式土器の浅鉢形土器は、関東地方では墓に副葬されて発見されることが多く、また、台地上にある遺跡のため、漆の遺存は断片的ではあるが、赤彩の痕跡が残る。

こうしたことから、押出遺跡の漆塗土器は、特殊な用途に用いられる容器として、遠く関東地方から、持ち運ばれたものであったことが推測される。興味深いことに、同様の事例は福井県鳥浜貝塚においても認めることができる。

鳥浜貝塚は、西日本の土器が豊富に出土しているが、これらの土器には、赤彩の装飾を施した土器がある。ただし、土器には漆を用いず、ベンガラを土器の表面に塗布しただけの、赤色の単色の装飾をしたものに限られる。一方、微細な線による赤と黒で彩色をした、鉢形土器が出土しているが、これは関東地方の諸磯b式土器であり、その在り方は押出遺跡と同様である。

反面、土器とは異なり、櫛や木製容器などには漆が豊富に用いられている。押出遺跡や鳥浜貝塚の例に見るように、漆の利用形態には、強い地域性を認めることができ、縄文時代には、どこでも同じように漆が利用されていると考えるのは正しくない。縄文人が漆という資源を利用しながらも、地域において独自の利用方法をもっていることがわかる。

しかも、その地域性は土器の文様や形の特徴から区分される分布圏を単位としている。このことはまた、漆工芸技術が、これに使われる道具製作の技術体系と密接に結びついていたことを示している点で重要である。

●縄文時代中期の漆利用は東日本が中心

縄文中期の漆利用は、土器に漆を用いる地域では、東北地方南部から関東・中部地方を中心としており、東北地方北半や関西地方では低調である。関東地方では、中期中葉から後葉の時期に、大型の浅鉢形土器が多く製作されるが、これらの大半の資料には、赤彩の痕跡が残り、低地遺跡では、漆塗膜が残っている。1つの集落から出土する、漆塗り浅鉢形土器の量は決して少なくはなく、かなり普遍的に、漆の利用が行なわれたことがわかる。また、有孔鍔付土器と呼ばれる、液体を貯蔵する土器にも、赤彩や黒彩の痕跡が残されており、これらも漆による装飾が行なわれた可能性が高い。

縄文後晩期になると、漆利用は1つの画期を迎える。東北地方から関東地方にかけての低湿地遺跡から、良好な資料が出土しているが、関東地方の縄文中期とは異なり、土器では日常的な什器よりも、液体の貯蔵や盛り付け用の特殊な土器に、利用が集約されてくる。

漆の利用は、土器や木器、籃などの容器類だけでなく、腕輪や飾弓、櫛や耳飾など、多種多様な道具類に用いられ、これらは、赤や黒の顔料を混和して、色鮮やかな色彩による装飾が展開する。とくに、装飾品の櫛や腕輪、飾弓などは出土が限られる特殊な品々である。

漆の塗られた容器は、小形の注口土器や壺などの液体容器や皿、高坏《たかつき》などの盛り付け用と考えられる容器に集中する。また、土偶にも赤漆が塗られたものもある。

これらの出土事例は、圧倒的に関東地方や東北・北海道に集中しており、漆文化の展開が、東日本を中心にしていることをよく示している。

西日本では、高知県居徳《いとく》遺跡などに漆塗りと考えられる木製容器があるが、東日本からの流通や伝播と考えられているもので、その漆利用の実態は、不明な点が多く残されている。

●誰が漆製装飾品を使ったのか

漆の利用が高度に複雑化した中で、これらの品々は誰が利用したのだろうか。縄文時代は、狩猟採集社会なので、弥生時代以降の文化とは異なり、首長や族長などが社会を組織支配する、政治的な組織社会ではなかったとされる。

しかし、近年では、集落には、地域を統括するようなリーダー的な性格の人々の存在したことが指摘されてきた。

そうした人々の漆製品の関係を見てみよう。北海道恵庭市のカリンバ遺跡は、縄文時代後期後半から晩期の墓が多数見つかり、墓の底面からは、漆製の櫛や腕輪などの装飾品が多数出土していることで注目された(写真20、21)。

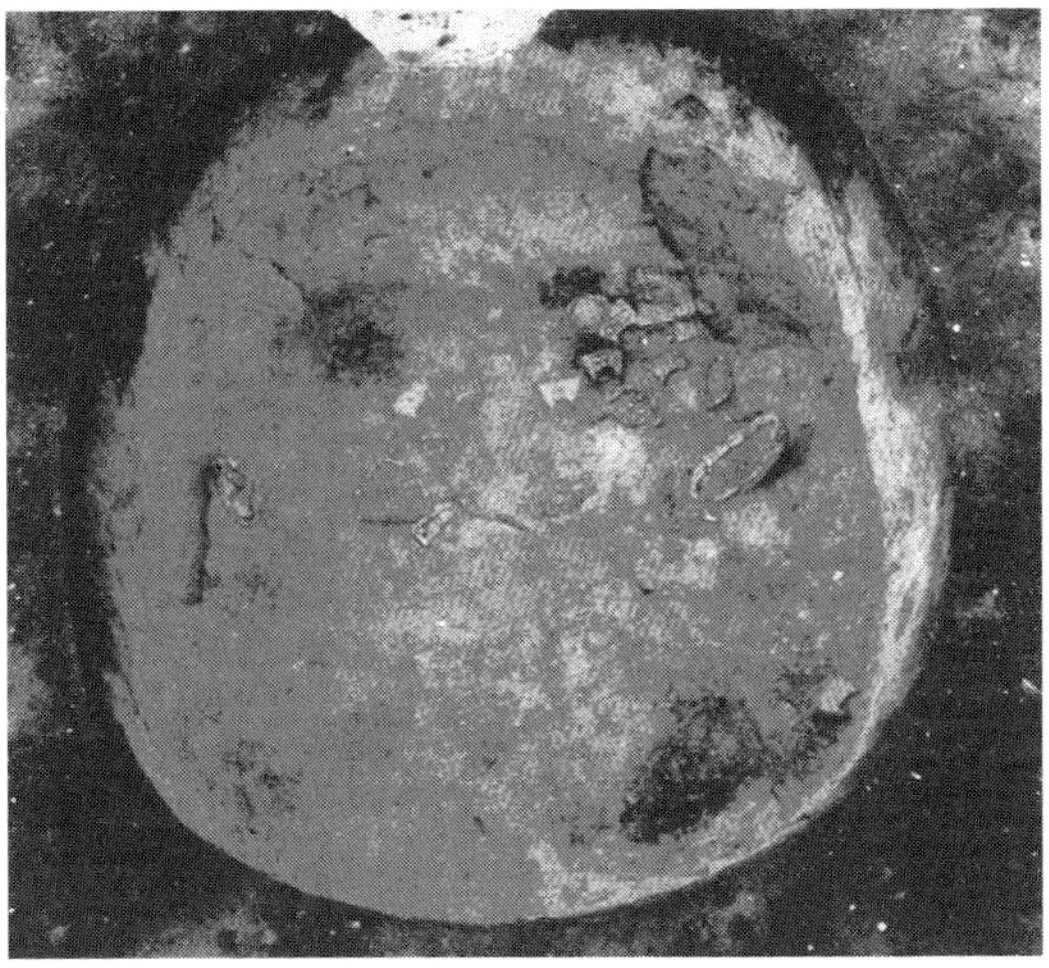

写真20　カリンバ遺跡の土坑墓における漆製品の出土状況

しかも、漆製品だけでなく石製のペンダントやサメの歯の飾り物など豊富な装飾品を副葬している。119号墓からは漆塗りの櫛13、腕輪6、

写真21　埋葬状況の復元想定図

頭飾り4、耳飾り2、ヘヤーピン3、腰飾帯1、石製の玉類111、サメの歯1が2体の埋葬者に伴っていたと報告されている。他の墓を圧倒する量の装飾品の多くに漆が塗られていることには漆工芸の多様化という視点から注目すべきであろう。それとともに、こうした人物の出現を考えるときに、やはりリーダー的な性格をもつ他者と区別される人々が存在した社会が想定されてくる。

●漆文化の発達を支えた文化と社会

縄文時代には、漆工芸だけでなく、さまざまな手工業の発達が顕著である。また、ヒスイやアスファルトなどの産地の限定された品々が、広域に流通することもよく知られている。こうした現象と縄文の漆工芸の発達は、決して無関係ではない。

漆は、ウルシの栽培から漆液の採取・精製加工・乾燥塗り重ね(重合)という、極めて多工程な技術が組み合わさっている。漆の硬化は、重合を促進させるため、高温多湿な環境下で、数時間の間置いておく必要がある。数回の塗り重ねには、相当の時間と手間がかかる。塗膜断面のプレパラート観察から、縄文時代の漆も数回の塗り重ねを行なうものが多く、今日の漆工芸に類似した技術が、すでに確立していることがわかっている。

こうした多工程な技術の管理及び、それらを次世代に伝承するシステムがなくては、漆文化の伝統は形成できない。漆文化が、東日本の縄文文化を中心に展開してきたことについてはすでに説明したが、それを支える社会環境として注意されるのは、東日本の縄文時代遺跡の多さと、定住度の高さである。

ウルシの管理にかかわる時間や、漆液の採取から使用にかかる手間は、集落の継続期間の長さによって可能になったであろう。遺跡数の多さは、一地域の人口の増大や維持を示す証拠になる。人口の増大は、漆工芸を担う人での確保にも役立ったに違いない。こうした社会的な背景が、漆を利用する集団の形成を促し、その技術の維持を可能としたのである。

漆工芸の伝承についても、集団の中で限定された、今日でいう漆職人のような集団が存在したことによる可能性も高い。定住的な生活様式の中で人口の増大が起これば、分業や協業の成立にも結び付く可能性は高い。

漆文化の技術的発達は、一世代では到底成しえず、世代継承が安定する定住社会の成立が、漆工芸技術の発達の社会的な背景の1つであることには間違いない。

（阿部芳郎）

3章

漆の利用と技法

漆液の利用――接着剤と塗料

接着剤や塗料としての漆液の特徴

2章で書かれているように、漆液は縄文時代早期から利用され、恐らく1万年を超える歴史を積み重ねてきたと考えられる。この章では、漆液の特徴を生かした幅広い活用とその技術、さらに関連した分野を紹介する。

写真1　漆による注口土器底の補修

漆の利用法は大きく2つに分けられる。1つは接着剤としての利用、もう1つは塗料としての利用である。いったん硬化した漆は、二度と元の液状に戻ることはない。とくに国産漆は、温湿度に敏感に反応し、高温多湿な条件では2～3時間程で表面硬化し、非常に堅牢な塗膜を形成する。そしてその接着力は金属・陶磁器をも接着する力を持つ。

この接着力を利用して、破損した土器を接着した例が、すでに3500年前の下宅部《しもやけべ》遺跡(東京都東村山市)から出土しているのが興味深い(写真1)。

一方、塗料としては、縄文早期からすでに、植物の繊維を編んだ上に塗る、土器・土偶などに塗る、木を刳りぬいた器に塗る、櫛に塗るなど、多方面に利用されてきた。

漆液は、一般の塗料とはまったく異なった性質をもっている。一般的な塗料は、塗料内に含まれている水分や溶剤分が蒸発して固まる、いわゆる乾燥による硬化であるが、漆は自然乾燥ではなく、漆液中に含まれている酵素反応により重合硬化と自動酸化による硬化で固まる仕組みがある。

さらにこの酵素が活発に反応するのが25℃前後の温度と、70～80%程度の高湿度の条件下であるため、夏のシーズンで気温と湿度が高いほど硬化が早いということになる。

精製漆

ただ、接着剤として利用する場合は、漆液のまま使用することが有効であるが、塗料として利用する場合は、硬化時間が早すぎるという問題点が生じる。このため、漆に含まれる水分を攪拌しながら水分を蒸発させ、漆の含水量を減らす「精製」作業が必要となる(写真2、3)。

この作業を行なうことで漆液中の水分量を減少させ、硬化時間が遅くなるとともに、なめらかな塗膜肌が得られる。

この精製した漆に弁柄《べんがら》、水銀朱などの顔料を練り込むことによって、赤色の発色も得られるのである。その結果、黒色漆と赤色漆による文様表現も可能となり、繰り返しの使用に加え、生活の中に美を求める感情表現も生まれる結果になった。

伝世品(制作当初から愛玩され、埋もれることなく伝えられたもの)では、精製漆の使用は奈良時代まで遡る。

現在残る最も古い作例は、法隆寺に伝わる玉《たま》虫《むし》厨子《ずし》で、正倉院宝物の中にある数多の漆工品類にもみることができる。

技法上の細かな工程の違いはあるものの、多くの漆工品が伝世品として千年を超え、現代にまで伝えられているのは、日本が唯一といっても過言ではないだろう。縄文時代より今日にいたるまで、漆液は私たち日本人の生活に欠くことのできない材料として利用され続けた。

写真2　クロメ作業。40℃近くの天火での作業

写真3　攪拌しながら水分を飛ばし、きめが細かく透明度が出てくれば完了

精製漆の種類と名称

●おもな精製漆

・生漆と透漆・黒漆、有油漆と無油漆

漆の採取については6章の「漆液の採取と精製」で述べているので、使用目的により精製された漆の種類や性質を簡略にまとめてみる。精製漆は多くの種類があるが、大別すると透漆《すきうるし》と黒漆《くろうるし》に分かれる。しかし、もともとは同じウルシノキから採取した生漆である。

基本的に透漆は生漆をそのまま「ナヤシ」と「クロメ」を行なったもので、黒漆は生漆に鉄分を混入しウルシオールと鉄を反応させ、黒色に変化させてから「ナヤシ」と「クロメ」を行なってできる色である。

また、クロメをしたまま何も混入しないで「蝋色仕上げ」用に精製した無油漆と、熱処理をした乾性油を混合して「塗立仕上げ」用に、艶をもつように精製した有油漆にも分類される。本来何も混合せずにくろめただけの漆は、艶の押さえられた暖かな肌である。

これらを組み合わせ、目的に応じ使い分けるのである。おもな精製漆を分類すると以下のようになる。

・木地蝋漆（きじろうるし、木地呂漆）

8月の良質な時期の漆（盛物《さかりもの》）を精製した漆で、主として杢目を見せる木地蝋塗り（溜塗）に使用するほか、各種顔料を練り合わせた色漆にも使う。蝋色磨き及び塗立て仕上げにする。同じ漆を関西では赤蝋色漆（赤蝋）、輪島では朱合（無油）漆と呼んでいる。

・梨子地漆（なしじうるし、梨地漆）

木地蝋漆と同じように盛物を精製した漆である。最大の違いは透漆精製時に雌黄《しおう》や梔子《くちなし》の煮汁を加え、黄色味を帯びたより透明感を感じさせる精製漆である。いわゆる梨子地面をつくるときに塗り込み、磨き仕上げをする。

・朱合漆（しゅあいうるし）

透漆精製時に乾性油を加え、硬化した状態でも艶をもった漆である。木地蝋漆と同様に溜塗や色漆として使うが、塗立て仕上げにする。とくに精製時に20％以上の荏油（エゴマ油）を混合し、艶と透明性を高くした漆を「春慶《しゅんけい》漆」と呼んでいる。輪島では朱合漆を有油朱合と呼んでいる。

・黒蝋色漆（くろろいろうるし、黒呂色漆）

木地蝋漆と同じ盛物を原料とするが、精製前に一晩鉄分を混入し、化学反応により黒色にした漆で、磨き仕上げ用の最高の漆で一般的には蝋色漆（呂色漆）というだけでも通用する。

・花塗漆（はなぬりうるし、塗立漆）

有油黒漆で、透漆の朱合漆に相当する黒漆で、塗立仕上げにする。その他に透漆では透箔下漆《すきはくしたうるし》・透中塗漆《すきなかぬりうるし》・透艶消漆《すきつやけしうるし》・釦《いっ》口漆《かけうるし》などがあり、黒漆では黒箔下漆・黒中塗漆・黒艶消漆など必要に応じて各種の漆が精製される。

なお、特別に「絵漆《えうるし》」という材料があるが、この場合は精製漆の種類ではなく、蒔絵の文様を描くための下付け用漆を、絵漆と呼ぶ。絵漆は、一般的には生漆にベンガラ顔料を練り込んでつくるが、蒔絵技術者によって、使用する漆の状態や顔料の量などつくり方が異なっている。

ベンガラを多く入れると、堅く盛り上がった線になるが、入れ過ぎるときめが粗くなり、線が描きにくくなる。面積の広い部分を地塗りする場合は、柔らかめに調整するなどの工夫が必要となる。

中世の蒔絵には、透漆が下付けとして使われていたが、鎌倉時代の終わりから室町時代にかけて、徐々に下付け漆に顔料が混入されてきた形跡があり、いつ頃からベンガラの入った絵漆が下付け漆に使われてきたのか、興味深い。ちなみに、過去の漆工資料を調査すると、中国や琉球の場合、箔絵などの下付け用の漆は石黄《せきおう》(硫化砒素を含んだ鉱物)の入った黄色漆が使われている。

漆液づくり

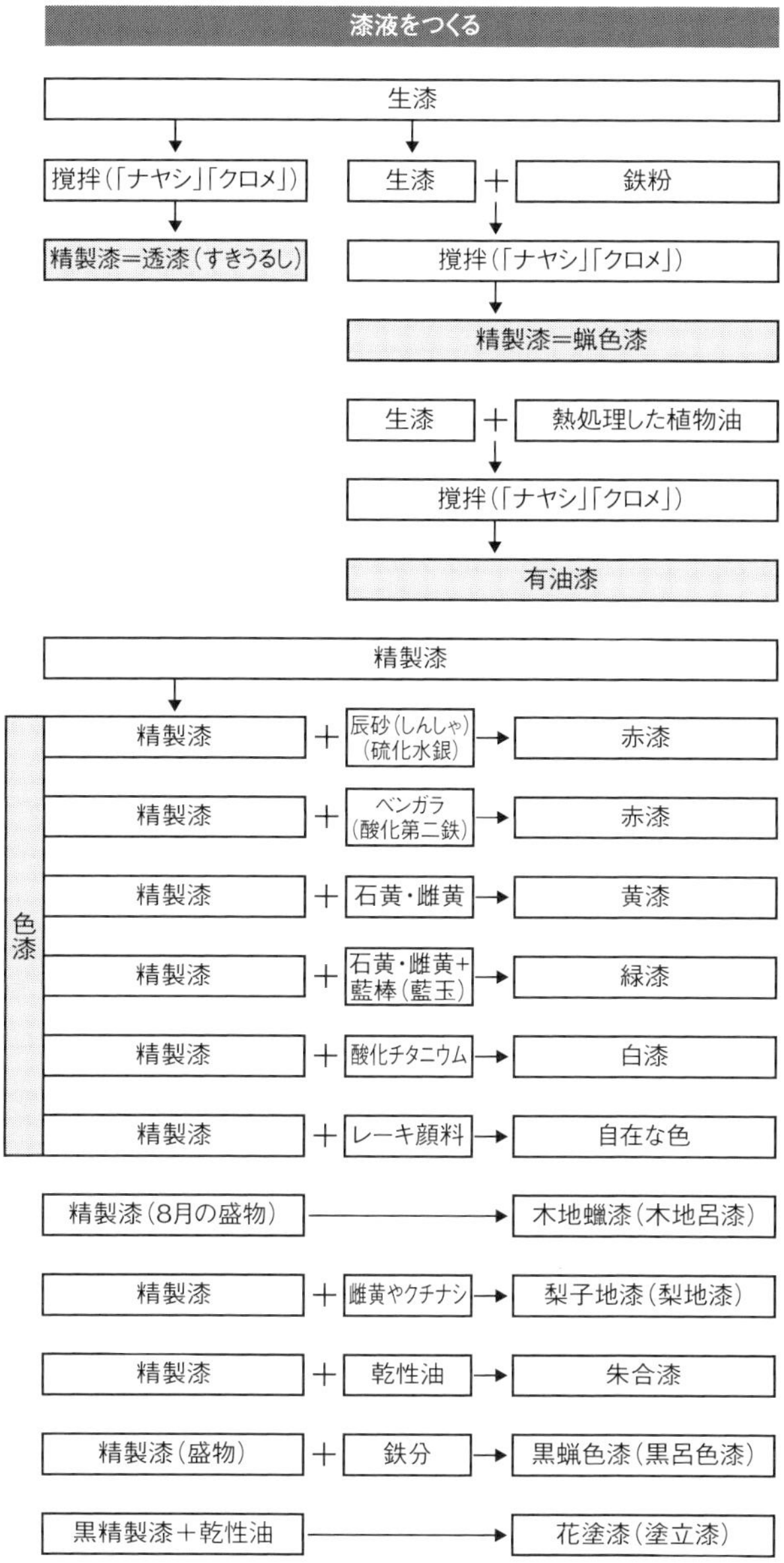

●色漆の種類

生漆から漆精製によって得られた漆は、半透明の飴色となる。この漆に、顔料(水や油などの溶剤に溶けない着色用の粉末素材。溶けるものは染料と呼ばれる)を加えることによって色漆がつくられる。植物系染料（植物の花、実、果実、根などから抽出した着色用の粉末素材）は、発色が良く、多くの色が得られるが、なぜか漆液に混入すると化学反応を起こし、硬化するとすべて真っ黒になって色漆はできない。

つまり、漆に混ぜる色の粉末は、鉱物性顔料の場合のみ色漆をつくることができる。天然顔料しか手に入らない時代の色調は、黒色・赤色・褐色・黄色・緑色など限られた色の漆であった。

◇黒漆

漆の色に対するイメージは、一般的には「黒」が最も印象的に思い出されるのではないだろうか。『広辞苑』で漆黒と引くと、「漆黒《しっこく》の髪」「漆黒の闇」という引用例が示され、「黒くて光沢のあることを、また、その色を意味している」とある。

中世のヨーロッパでは、工芸品や家具の塗料で黒色が出せず、日本の漆の黒色を求めて高価な家具をつくらせたほどである。つまり、黒色の塗料は世界中で望まれたものだったに違いない。真っ黒な漆について、やや専門的になるが、もう少し詳しく述べてみる。

・正倉院宝物の黒漆は2種類

正倉院に収蔵されている黒漆は2種類ある。１３００年以上経っても、未だに不透明で真っ黒な漆と、羊羹色というか、飴色に茶色っぽく透けている状態になった黒漆の２つである。つまり黒色に質感の違いがある。これは黒漆にはいくつかの種類があるからである。

１つの考え方は、漆の産地の違いで、東南アジア系の、初めから黒い漆が使われている可能性があるというものである。日本を中心とした東アジアの漆は、もともと飴色で透明度が高くさらさらしている、しかし一度固まると硬く丈夫な漆膜をつくる。それに対し、東南アジアの漆は、もともと黒めで粘りが強く、固まっても比較的柔らかである。正倉院御物は破壊分析ができないため、このように外観から見て考えるしかない。

もう１つの可能性は、同じ日本産の漆を使うものの、黒色顔料を混入して黒漆にするか、漆に鉄分を混ぜ、化学変化によって黒漆にするかの２通りである。この場合、同じ日本産の漆を使っても、黒色の質感は異なったものになる。

・黒色顔料を使う場合

黒色顔料としては、蝋燭や油を燃やしてその煤を集めるいわゆる油煙、マツ類樹木を燃やして得られた煤の松煙と呼ばれる顔料などがあり、これを練り込んで黒くする。これらの煤を混入してつくった黒漆は、桃山時代頃まで使用された例が多く見られる。余談ではあるが、煤の中で最も黒いものは、漆を燃やして採取した「漆煙」と呼ばれるものである。中国では、書道用の墨として昔からつくられていた。やはり他の墨と違って、硯で擦り下ろすと真っ黒な墨になるという。私はまだ使ったことがないが、いずれにしても漆煙というのは貴重な存在である。

・鉄分を混ぜる場合

桃山時代以降、漆そのものに鉄分を混ぜることによって、化学変化させた黒漆が多く見受けられるようになるが、鉄の酸化による黒漆は、時代が経つにしたがい徐々に飴色に戻ってきてしまう。古い時代の漆は、黒漆が透けてきたのか、初めから透けた漆が塗られていたのか、判別しにくくなる。そのため、正確に使用が始まった時期を特定するのは難しい。

研出蒔絵《とぎだしまきえ》が施されている場合は、ほとんどが透漆を上塗込みし、研出され仕上げられている。金の上や貝の上に残った漆の色を見ると、よくそれがわかる。しかし無地に塗られた場合、ほとんど見分けがつかないことがある。いずれの漆が上塗されていても、中塗までは同じ煙炭を混入した漆を使っていることが多いからである。鉄の酸化による漆を黒蝋色漆《くろろいろうるし》と呼んでいるが、化学的にいうと、生漆に含まれている水分が反応して水酸化鉄化し、それが漆の主成分ウルシオールと反応して、ウルシオール鉄塩という黒色物質に変化するという。

したがって、生漆から水分を減らしているクロメ漆に鉄を入れても、あまり黒くならない。つまり、生漆に、あらかじめ水酸化鉄になりやすい鉄粉を入れて、一晩置いてから翌日ナヤシ・クロメ作業を行なうと、真っ黒な蝋色漆となるのである。

鉄の酸化による黒漆が、どれくらい前の時代から使用されてきたのかということは、まだはっきりわかっていないが、これまで多くの漆工作品を目視した範囲では、安土桃山時代から江戸時代初め頃ではないかと考える。それを解明することが今後の課題として残されている。

◇赤漆

・硫化水銀を使う

赤色の漆の色調は何種類かあるが、顔料の成分としては2種である。

1つは硫化水銀を使用した朱で、縄文時代後期にはすでに使用されており、縄文人の美意識、芸術的感性の高さを示している。この朱の顔料は、火山地帯から採取できる、水銀鉱脈に硫黄を含んだ地層が、マグマの強い圧力と高熱により、化学反応を起こし化合した鉱物で、真っ赤な色の岩石になる。これを砕いて粉末にしたものが「辰砂《しんしゃ》」と呼ぶ朱の顔料である。この化学反応の際に加えられた圧力と温度が高ければ高いほど、比重は重くなり、濃い真紅の色調を呈する。

この顔料を漆工分野では「本朱《ほんしゅ》」と称している。それに対し圧力と温度が低い状態で化合した場合、その度合いによって徐々に明るく黄色味をもった朱になる。これを本朱に対し「洗朱《あらいしゅ》」と呼んでいる。

洗朱は色調により赤口《あかくち》・淡口《あわくち》・黄口《きぐち》と分かれ、黄口朱は〝丹《たん》〟の色調に近い色となり、当然比重も徐々に軽くなる。

なお、朱に含まれている水銀が気になると思うが、心配は無用である。直接人体に影響するのは蒸発して出る水銀蒸気が呼吸器官に入ることであり、硫化水銀という朱の場合は、最も安定した化合物であり、椀の内側に塗られたような朱漆からは、溶け出すといっても数値に出ない程度のごく微量であり、口に入った場合でも、人体に影響はないということである。

・ベンガラ(酸化第二鉄)を使う

もう1つの赤漆はベンガラと呼ばれる酸化第二鉄(Fe_2O_3)の粉末を練り込んで得られる色である。黒蝋色漆で述べた鉄は酸化第一鉄(FeO)で、この鉄と反応すると漆は黒く変化する。しかし、酸化第二鉄は安定した分子構造で、ほんのり茶色がかった渋みのある赤色をしている。

古い民家の窓枠などに塗られている「弁柄格子《べんがらごうし》」を知っている人もいると思うが、あの色調を思い出してもらえれば想像できると思う。しかし、中には粒子の細かいベンガラもあり、水銀朱と見分けの付かない程に鮮やかな漆もあるので、見た目の色だけでは時々だまされることもある。

ちなみに柿右衛門の〝朱〟と呼ばれているのは、このベンガラを細かく練り潰した顔料を使用した結果得られたもので、磁器の赤絵にはベンガラは欠かすことのできない顔料である。

◇黄色漆・緑漆

・黄色漆はヒ素系鉱物顔料

黄色漆は、ほとんどヒ素系の鉱物顔料であり、石黄《せきおう》・雌黄《しおう》などが挙げられる。水銀系の朱とともにヒ素系という物騒な顔料ばかりであるが、昔は色のある鉱物として得られたのは限られていたため、やむを得ないことだっただろう。

中国では昔から黄色は皇帝の色といわれ、黄色の漆がよく使われていた。その影響からか、琉球王朝時代の漆工品の加飾の中にも黄色漆が多く使用された例が見られるが、日本国内の使われ方と異なった特徴を示している。

ちなみに現在は、ヒ素系顔料の使用はすでに禁止されている。

・緑漆は黄色顔料＋紺色顔料

緑漆(江戸時代は青漆と呼ばれていた)は、どのように得られるかというと、単独の顔料としては岩緑青《いわろくしょう》(孔雀石《くじゃくいし》＝マラカイトともいう)が使用された例がある。また特殊な例では、アタカマイトという鉱物反応が出た例も確認されている。しかし、一般的には前述の黄色顔料に紺色顔料を加え緑色の漆をつくることが多い。

紺色は、日本画でいう群青《ぐんじょう》の石を粉末にした顔料から得ることが考えられるが、石黄などヒ素系の顔料と群青系の鉱物顔料を混合した形の分析例は、未だに見つかっていない。

・紺色は藍玉から

今までの分析結果では、緑漆からはヒ素系の鉱物反応が必ず出ていた。ということは黄色顔料が使われていることは確かなのだが、紺色の反応がないのである。つまり、紺色は鉱物ではないことになる。それでは黄色のヒ素系の鉱物反応だけが出て、紺色の鉱物反応が出ない緑漆はどのようにつくればよいのかということになる。

古い時代の史料を見ると、藍染めに使用する藍を使用しているとあるので、藍染めの専門家から藍棒《あいぼう》と呼ばれる物をゆずってもらい試してみた。藍は藍瓶で藍を育てる際に、発酵して出る泡をつねに取り除きながら攪拌していく。その際に取り除いた泡は、カスとなって少しずつ溜まる。これを丸く固めたものが藍玉であり、棒状に固めた物が藍棒である。

・顔料として使える藍玉の特性

藍はもともと染料だが、空気に触れ酸化したことから得られる藍玉(藍棒)になると、顔料と同じ性質を持ち、紺色の漆ができるのではないかと考える。この紺色漆と黄色漆を適度に混ぜ合わせると緑漆が得られるのである。

この証明は長年の課題であったが、2006年に琉球漆器調査の際、緑色漆を用いた堆錦《ついきん》(琉球漆器独特の技法。焼漆に顔料を大量に入れて餅状にしたものを薄く延ばして文様に切り、漆面に貼つけたもの)の軸盆《じくぼん》(掛け軸や巻物をのせる、長方形の塗り物の盆。床・書院などの飾りとする)を分析し、蛍光X線分析によるヒ素の反応に加え、新たに蛍光スペクトル分析により、藍のスペクトル反応が確認され、緑漆には藍が加えられていたことが証明された。

漆の場合は顔料なら一応色が出るのだが、日本画のように絵を描くのとは目的が異なり、塗料としての役割を果たすためには、微粒子の顔料が必要となる。緑青《ろくしょう》や群青《ぐんじょう》は、細かく砕くと白緑のように白っぽくなってしまう。したがって、微粒子でありながら緑色を呈する顔料は、思うような色が得られない結果となる。このような試行錯誤を繰り返し、昔の技術者たちは、微粒子でありながら発色のよい、数種類の色漆を選び伝えてきたのである。

◇白漆

・酸化チタニウムが生んだ白

現代の色漆はどうであろうか。色漆で最大の課題となるのが、白色である。先人も白漆は何回となく試みたと考えられるが、入手可能な胡粉《ごふん》(貝殻からつくる白顔料)や鉛白《えんぱく》(白色顔料)では漆に混和すると黒く化学変化を起こし、白漆が得られない。そこで白色だけは、乾性油と練り合わせ描くことを行なった。いわゆる密陀絵《みつだえ》が、そこで生まれることになる。古代の漆技術も色漆、とくに白漆については、そうとう苦労したに違いない。

しかし、現代では白漆を可能とする顔料が手に入るようになった。その顔料とは、酸化チタニウムの粉である。これは、近代科学の世界での副産物なのだが、結果的には日本の色漆の革命となった。それは20世紀の新しい金属として、チタンがつくられるようになったことによっている。その純粋チタンを得るために残った酸化化合物である、酸化チタニウムの粉は、漆と練り合わせるとそのまま白く硬く固まるのである。

•遮光性の有無で2種類

酸化チタニウムにも2種類ある。純粋チタンをつくる工程で使用される触媒の違いによって、その結果できる酸化チタニウムの粉も2種類の性質に分かれる。

1つはアナターゼ系と呼ばれる酸化チタニウムで、この粉の特徴は遮光性がないことである。もう1つが、ルチル系といわれる酸化チタニウムで、遮光性のある粉である。この違いを簡単にいえば、漆と混ぜたときに漆の色が見えるか、塞がれるかということにある。つまり、アナターゼ系の酸化チタニウムを混ぜた白漆は、固まると漆の茶褐色の色が表面に見えてベージュ系の白になってしまう。

これに比べてルチル系の酸化チタニウムを混ぜた漆は、グレー系の白になる。うまく両者の白を混合すると、硬化した後数か月経って、漆が透けてきたときに、白に近い漆となる。

白漆で文様を描いてみたければ、一度試す価値は十分にある。

•合成顔料による自由な色漆の時代

そして、この酸化チタニウムの粉に色をつけた顔料が、レーキ系顔料といわれる、近年出回っている合成顔料である。この顔料の出現により漆の世界は紫あり、ピンクあり、ブルーありと、自由な色を出せる時代に入ったのである。そのため一時期は、いわゆるペールトーンと呼ぶ色調の色漆がもてはやされ、朱や黒の漆の渋い色調の世界は、過去の物となった感があった。しかし最近は、「やはり漆の色は朱や黒に金蒔絵の配色が落ち着く」という声も聞く。

ともあれ、さまざまな表現が可能となり、世の中に受け入れられてきているというのが色漆の現状である。

素地の選定と木地づくりの技

●さまざまな素地に塗られる漆

漆が、接着剤としての能力と塗料としての能力を併せ持っていることは先述した。

塗料とした場合、塗られる素地が必要となる。日本の場合、一般的には木材に塗られるケースが最も多く、おそらく90%以上の漆器は、木材に塗られたものではないだろうか。それ以外にはどのような素地に塗られるのかというと、竹・紙・布・皮・焼物・金属等々、漆はありとあらゆる多くの素地に塗られている。

・ガラス質と「ナノ漆」

難しいのはガラス質の場合である、この場合でも一応硬化するのだが、後で水につけると必ず剝がれてくる。焼物にも塗れるが、この場合でも釉薬がかかっていないというのが条件であり、素焼や焼き締め(素地を乾燥させて、釉薬をかけずに1100℃~1300℃の高温で焼いた陶器)の肌ならば漆は十分に吸着するが、ガラス質の釉薬がかけられた場合、いずれその部分の漆だけは剝がれてしまう。しかし、近年「ナノ漆」と称する超細分子化した漆がつくられ、ガラスに塗布することが可能となった。漆に対する科学の力が加わった一例である。

・胎

漆が塗られる素地を、専門的には胎《たい》と呼ぶ。胎とはいわゆるボディである。素地が木でできているものが木胎、金属なら金胎、焼物なら陶胎ということになる。

しかし、特殊な名称も残っている。竹の場合は籃胎《らんたい》と呼び、竹胎とはいわない。籠状に編んで形にした上に塗ることが多いためにつけられた名称だろう。紙の場合は紙胎ともいうが、多くは貼抜《はりぬ》きと呼んでいる。また胎が何であっても表面に和紙が貼られ、その和紙肌を見せたまま塗ってある漆器を一閑張《いっかんば》り、あるいは一閑塗りと呼んでいる。芯から紙でできている貼抜きとは区別して呼んでいる。

皮に塗られている場合は漆皮《しっぴ》と呼ぶ。これは、正倉院にある漆皮箱という名称から、そう呼ばれるようになったのであろう。

布を素地とした場合は、布胎とは呼ばずに乾漆《かんしつ》と呼ぶ。乾漆は、彫刻の分野での名称であった。古くは中国では塞《そく》(麻布を漆で貼り合せて造形するもの)、夾紵《きょうちょ》(心材を麻布で挟み造形したもの)と呼ばれていた。日本でも平安時代には塞という名称であったが、現在では乾漆と呼ばれている。

歴史的にみると、中国で最も古い出土品は、揚子江流域の河《か》姆渡《ぼと》遺跡(中国浙江省の新石器時代遺跡)の漆工品で、今から7000年前のものといわれ、木胎に赤漆塗であった。平成12(2

０００)年、日本で出土した北海道の縄文時代早期の垣ノ島B遺跡(函館市)から出土した漆工品は、９０００年前のものともいわれており、これは植物の繊維を編み、赤漆が塗られている装飾品と考えられ、すでに漆は色々な素地に塗られていたことになっているが、年代についは議論がある。それ以外で、現在直接年代測定された最も古い遺例は、石川県三引遺跡出土の縄文時代早期末~前期初頭の約７２００年前の赤漆塗竪櫛である。

赤漆を塗った竪櫛《たてぐし》(歯の部分が縦長の櫛で、髷を留めるために使われる櫛)は、堅木《かたぎ》(ブナ・ナラ・ケヤキ・ラワン・マホガニーなどの堅い材木のとれる広葉樹。縄文前期では、ヤブツバキだろうといわれている)を一本ずつ細く削った歯の元をしばり、漆で固定して、漆を使用して棟部を造形した結歯式竪櫛《けっししきたてぐし》と呼ばれている(31ページ写真17参照)。

また、縄文中期には陶胎漆器や籃胎漆器が出土している。木胎にしても挽物の器物が出土するなど、縄文時代の文化の高さを証明している。

●木材の特色

・木材の特徴と寿命

前述したように漆器の素地では木材が大半を占めている。木材は加工しやすく大量に調達できる。また、軽い上に熱伝導率が低いため保温力があり、料理が冷めにくいという特徴をもち、日常漆器の大半を占める食器には都合がよい。

木材は樹種によって寿命の違いがある。個体差は当然あるが、例えばヒノキは植えて千年、切って千年というほどで、樹齢の長さもさることながら、伐採された後も樹齢と同じだけ木材としての能力を持ち続ける。

したがって２００年以上育ったヒノキ材は、ヒノキの年齢でいえば壮年期であり、最も強く安定した材料といえるし、加工された後でもその強さは充分に千年以上保つということが特色なのである。

ケヤキ材は材としての能力は優に６００年以上保てるし、サクラでも４００~５００年、トチノキのような材でも２００~３００年以上腐らずに維持できる。これらの材に漆を浸み込ませることによって、その何倍もの寿命になる。

こういった関係が天然木材と漆の関係なのである。中国や日本の古代人が、木材に漆を塗るという知恵は天から授かったといえる。

・樹種と用途

木地に使用される材料はヒノキ・マツ類・スギ・アスナロなどの針葉樹の類、またケヤキ・サクラ・ホオノキ・ハリギリ・タモノキ・トチノキ・カツラ・カエデ・クリなどの広葉樹の類がある。一般的に針葉樹は指物《さしもの》に、広葉樹は挽物《ひきもの》や刳物《くりもの》に用いられることが多いが、材質によってはその逆の使い方をしても、充分能力を生かせる。これが木材の特色である。

・木取り―柾目材と板目材をいかす

木材は木取りの方法で柾目材と板目材に分けられる。木材を輪切りにした場合、上から見てみかん割りと呼ばれるように、放射状に木取りをした板は杢目がすべて平行になる。これを柾目取りと呼ぶ。それに比べ平行に木取りした場合は、杢目が山形に現れる。これは木の元のほうが太く、先のほうが細くなっているからであり、この木取りを板目取りと呼ぶ。

柾目材は素直で動きにくい木取り方法だが、見た目の杢目は平行線になるため、単純で面白くない。一方、板目材は動きやすいが、杢目は変化があり、自然の流れるような杢目の美しさを感じられるというように、木取りの方法でまったく逆の性質を持つようになる。これが木材の面白さであり難しさでもある。

したがって下地をつけ、漆を塗り込む技法で漆工品をつくる場合は、針葉樹、とくにヒノキ材を柾目取りにした木地を使うことが最も安定し、長持ちする。また、木地を見せる塗りや拭漆仕上げを目的とする漆工品の場合は、広葉樹の板目取りにした木地を使うことにより、杢目が変化に富んだ美しい作品となる。

・1000年先を見て素材を活かす感性を

温湿度の環境により天然材料は変化する。しかし、技術者は長年の経験で、乾燥方法や組み合わせ方法によりその特性を克服してきたのである。木材以外にも多種多様な材料、技法が生まれた。その努力の歴史が漆工の歴史といってても過言ではないだろう。

2000年以上にわたる努力と経験の積み重ねを顧みず、現代の漆に携わる人々が化学という世界に手を出し、合成樹脂の素地を利用したり、漆に合成樹脂を混入したりしながら、価格を下げる競争をしてきた結果、漆の魅力や天然樹脂の能力の可能性を消そうとしている。

石油精製物としての合成樹脂の無機質な素材は、それなりに特性を生かす分野や表現として利用されるべきで、漆という天然樹脂の代用品として利用すべきではないと考える。天然塗料の有機的な温もりを消してしまうことは、それを使う人間の繊細な神経や豊かな感性も退化させてしまうのである。

漆という素材を使用したからこそ、数千年前の人々の価値観や温もりのある生活が私たちに伝わるのである。逆にいえば、私たちの価値観を1000年後の人々に伝えるためにも天然素材を大切に使用して制作するべきで、目先の価格に振り回されることなく漆の本当の魅力を伝えるべきである。素地は木・布・紙・竹などの天然素材を使い、その特性を理解し、生かした構造を持った漆工品をつくってもらいたいと願うものである。

●木地づくりの技法

・技法と適性

木材の加工方法は、板材を組み立てて成形する指物《さしもの》、回転させながら刃物で削り成形して器をつくる挽物《ひきもの》、ノミで削り出し器をつくり出す刳物《くりもの》、板を薄く削り湯に浸け、柔らかくしながら曲げて成形する曲物《まげもの》などがある。このように、木材の種類やその形態を最大限に生かすために、加工法も多数考え出されているのである。

指物は、棚・机や箱物などの比較的大きな物や平面の多い木地づくりに適している。挽物は、椀・皿・盆などの同心円で形をつくる器物であり、機械化が進んだ現在では最も量産に適している。刳物は、彫刻的要素が強く、楕円形や多角形、不定形の器をつくるのに適しており、単品制作になることが多い。曲物は、円筒状の形状が多くなりやすいが、楕円形や不定形にも応じられる。

また、1枚の板でつくる単純な曲物以外に、細くテープ状にした薄板を底板に巻きつけ、少しずらしながら巻き上げて成形していく方法である巻胎《けんたい》や、同心円の輪の大きさを少しずつ変えて積み上げて成形していく輪積みの方法も曲輪《まげわ》づくりの応用技術として取り上げられる。

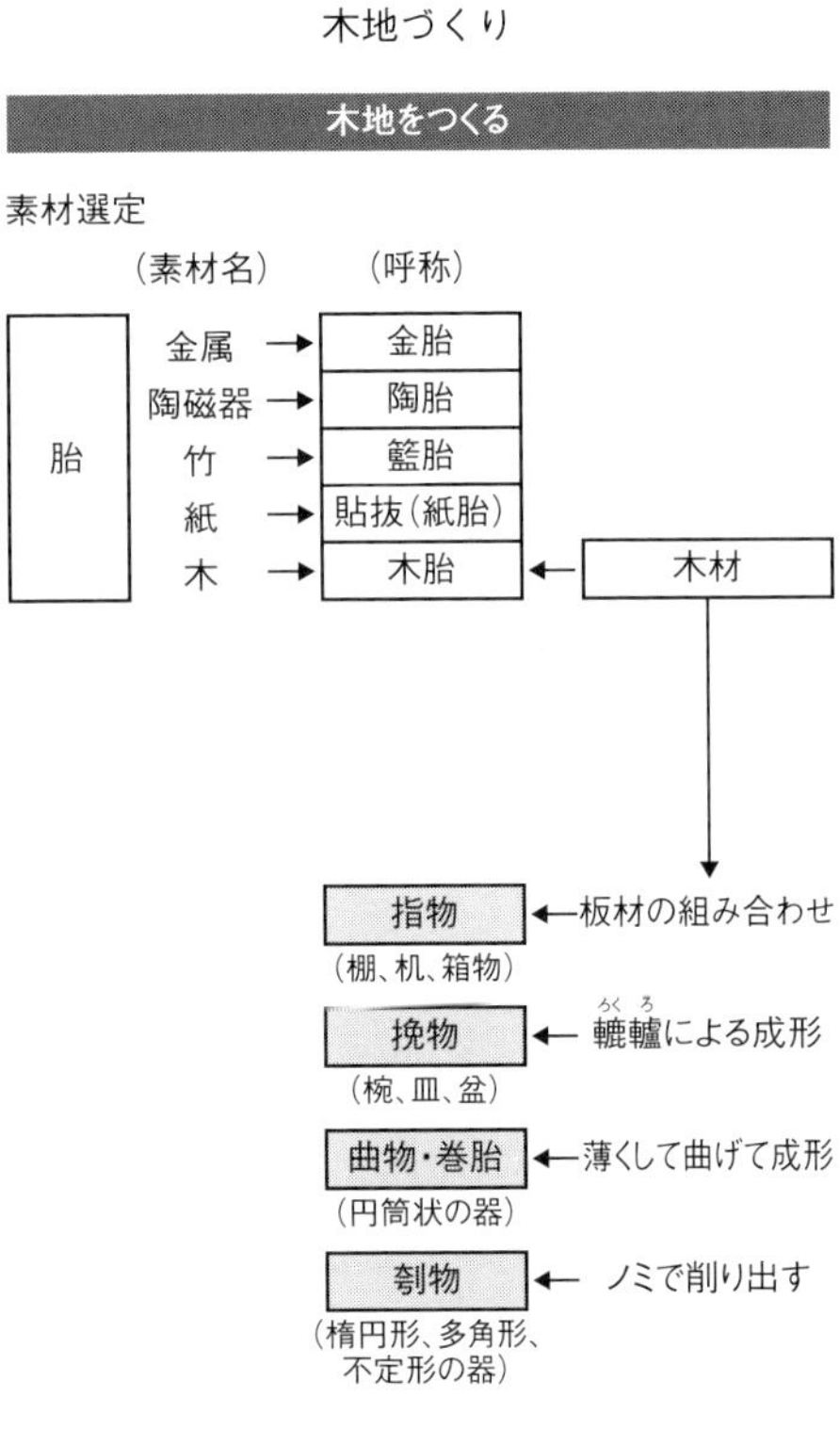

●代表的な技法

以下、代表的な木地づくりの技法について述べてみる。

・指物木地

木材を板材または柱材に加工し、互いに寄せて組み立てる技術を指物という。指物には板材と板材を組み合わせてつくる板物と、柱材と板材を組み合わせてつくる棹物《さおもの》とがある。

指物は、物を収納する箱物をつくるのに適している。箱は蓋の構造によって名称が付くが、代表的な形式を6例紹介する。

①板蓋造

最も簡単な構造の蓋である。箱の身に合わせ蓋をつくり、身の上縁に合う部分の蓋の裏側の周囲に、身の厚みに合わせた幅で、浅く削り取った構造で乗せるだけの形式の箱をいう。乗蓋《のせぶた》とも呼ぶ。最も単純で土産物の箱の蓋などにみられる。

②桟蓋造

板蓋と同様に単純な構造の蓋である。板蓋同様で箱の身に合わせ蓋をつくり、身の上縁に合う部分の蓋の裏側に、身の厚みの内側に沿って桟《さん》を打った構造で乗せる形式の箱をいう。桟の数により二方桟《にほうさん》・四方桟《しほうざん》と名称がつく。挿蓋《さしぶた》とも呼ぶ。物を収納する桐箱などに多く用いられる。

箱の構造の種類

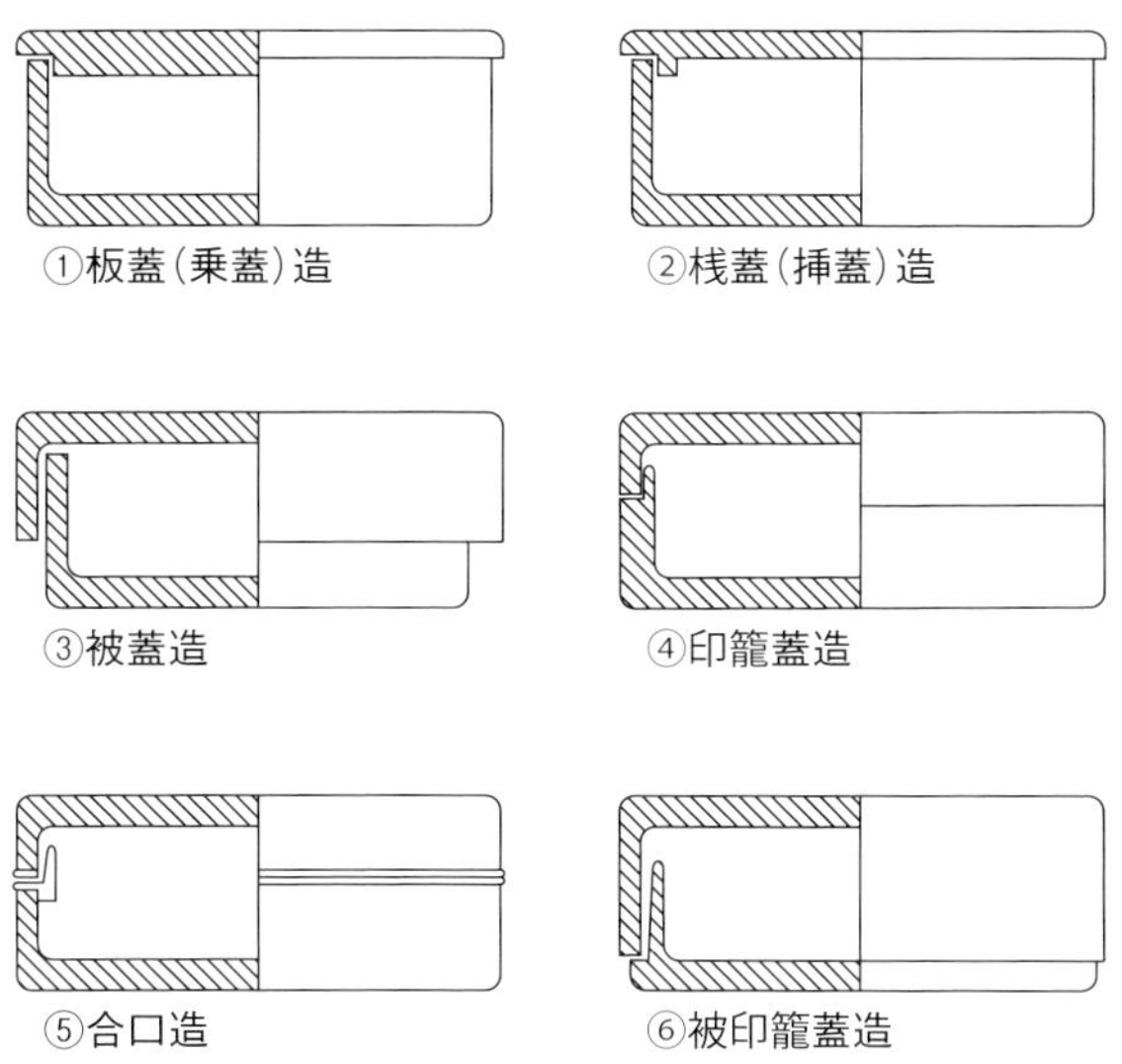

③被蓋造

身の外寸よりひとまわり大きく蓋をつくり、身の上から覆い被せるように蓋を置く構造の箱をいう。比較的簡単な構造であり、平安時代の手箱や、室町時代の硯箱類のほとんどが被《かぶせ》蓋《ぶた》づくりの構造でつくられている。平安時代の箱は身と蓋にそれぞれ金属の覆輪《ふくりん》(縁を金や銀などで覆い飾ったもの)を巡らしているが、時代の変遷によって徐々に金属覆輪をもつ箱は少なくなり、代わりに口縁部に玉縁《たまぶち》をもうける形式が多くなってくる。蓋鬘《ふたかずら》(蓋の側面を指す)の両側に刳形《くりがた》をつけて手掛けとする形式もある。東京国立博物館所蔵の国宝「片輪車蒔絵螺鈿《らでん》手箱」(平安時代)、国宝「八橋蒔絵螺鈿硯箱」(江戸時代)などが代表例である。

④印籠《いんろう》蓋造

箱の身の上縁に蓋の縁を乗せて、側面が同一平面になる構造を指す。身の上部内側に低い立ち上がりを付け、蓋を止める。特殊な例では、正倉院宝物にある「密陀彩絵箱」は、合口部の身の内側の四隅と長側面の中央部に舌《ぜつ》と呼ばれる象牙製の立ち上がりをつけ、蓋を止める形式を持つ。

⑤合口造

蓋と身の合口《あいくち》部分に金属製の覆輪を付ける構造。置口《おきぐち》と呼ばれる覆輪と立ち上がりを一体につくり、身の合口部分にはめ、蓋の合口部にはめた置口と合わせる構造で蓋を止める。鎌倉時代以降の手箱に多くみられ、三嶋大社所蔵の国宝「梅蒔絵手箱」や、サントリー美術館所蔵の国宝「浮線綾《ふせんりょう》螺鈿《らでん》蒔絵《まきえ》手箱《てばこ》」などが代表例である。

⑥被印籠蓋造

合口部分の身の内側に立ち上がりをつくり、さらに蓋を身の側面より一段張り出して乗せる構造の箱である。印籠蓋造と被蓋造の両方の要素を持ち合わせた箱ということになる。代表例として法隆寺献納宝物の「木画《もくが》箱」があげられる。

・挽物木地

木材成形に轆轤《ろくろ》を使い、同心円の形状に挽いてつくり上げる技術を挽物という。挽物は、椀・皿類のように人間生活の基本的な食に結びついた器が多いことから、漆器の木地の中では、最も多く利用されている技術である。古代の轆轤が、どのような形式であったか明らかではないが、すでに縄文時代の遺跡から、轆轤を使用してつくったのではないか、と思わせるような漆塗木製品の断片が出土している。中世から近世にかけては、轆轤技術はかなり発達したものと考えられている。広島県の草戸千軒町遺跡や、鎌倉市内の遺跡などからは、大量の椀・皿類が出土している。

横木取り、縦木取り

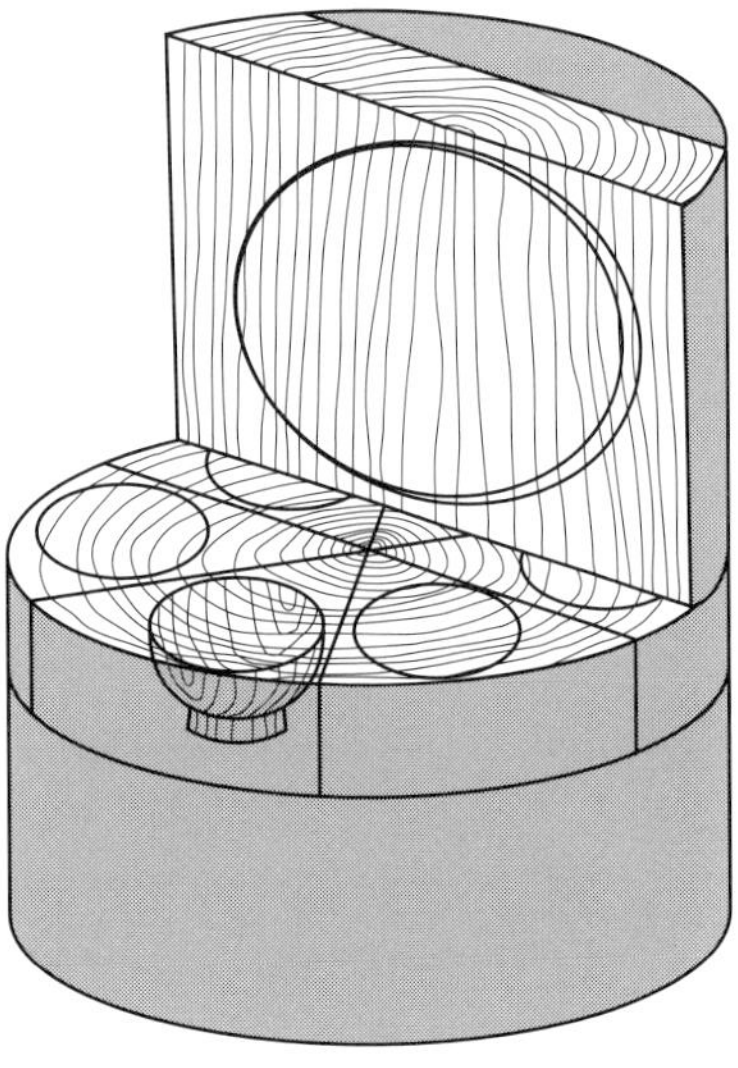

挽物材の木取りの方法は2種類ある。1つは、立っている樹木の方向に対し横に向けて器物を木取る方法で、挽き上がった器物の見込(内底部分を指す)には、板目の杢目が見えることになる。この木取りで轆轤をかけるのを横挽きと呼んでいる。

それに対し、樹木を輪切りにした状態で器物を木取る方法がある。挽き上がった器物の見込には、年輪の輪切りの状態が見えることになる。これを縦挽きと呼んでいる。

横挽きの長所は、壊れにくく杢目に変化が見えることであるが、木地乾燥が十分でない場合は楕円になったり、捻《ねじ》れるなどの歪みが生ずるという短所がある。杢目に個性のある広葉樹を使用し、拭漆や木地蝋塗りなどの杢目を見せる盆や鉢などに適する。

縦挽きの長所は、歪みにくいが口縁部が木口の縦の部分に当たるため、口が欠けやすく杢目の持つ面白さも出ない。したがって、縦挽きは軽くて杢目の素直な木材を使い、口縁部を布着せで補強し、塗り込んで使用する椀や棗をはじめとした茶器類などに多く用いられる。

・曲物・巻胎

曲物は、ヒノキやスギなどの針葉樹を年輪に沿って杢目の通った薄板にし、湯に浸け込んで柔らかくした材を円筒状に曲げ、そのまま固定し、徐々に乾燥させる。1週間ほど固定しておくと、材はそのまま安定する。

丸く削った平らな底板に、蓋物の場合は、甲板も同様にはめ、固定する。このような技法を曲輪《まげわ》と呼ぶ。角型や不定形の場合、立ち上がりの角部の内側から引き込みの溝を数本入れ、折り曲げて角をつくる方法で成形し、これを特別に挽曲《ひきま》げと呼んでいる。軽く比較的つくりやすいため、日常の器物として多く用いられている。曲輪・挽曲げなどを総称して曲物と呼んでいる。

曲物は、立ち上がりが円筒形の形状が多いが、楕円形や不定形にも応じられる。正倉院宝物の「漆麈尾箱《うるししゅびばこ》」なども、立ち上がりは薄板を曲げて成形したものといわれ、曲物の応用技術といえる。

巻胎《けんたい》とは、一定幅に揃えた薄く細長いテープ状の木や竹を、円形の平らな底板や蓋に巻き付けつつ、材を少しずつずらしながら、巻き上げて成形する技法をいう。

正倉院宝物の「漆胡瓶《しっこへい》」は、X線写真の分析により巻き上げ構造だということがわかった。かつては「巻き上げ」と呼んでいたが、分析調査当時、正倉院宝物事務所におられた木村法光氏は、この技法に「巻胎」という技法名称をつけた。それ以来「巻胎」「棬胎」などと表現されている。この技法は、タイの竹製品に用いられており、漆胡瓶と共通した木地製法といえる。

琉球漆器には、巻胎の木地が思いのほか多い。徳川美術館所蔵の重要文化財「朱漆《しゅうるし》花《か》鳥《ちょう》七宝繋《しっぽうつなぎ》密陀《みつだ》絵《え》沈金《ちんきん》御供飯《うくはん》」もX線撮影を行なった結果、巻胎構造と判明した。また、浦添市美術館所蔵の「朱漆《しゅうるし》山水《さんすい》人物《じんぶつ》箔絵《はくえ》皿《ざら》」などは、直径18㎝ほどの小さい5枚組の皿で、挽物のほうが適した形であると思うが、つばの部分が巻胎造になっている。

正倉院の宝物や琉球漆器の技法の類似から、技法の交流は古い時代から行なわれていることがわかる。現在では、青森県津軽地方でつくられているブナコ漆器が、同じ技法を取り入れてつくられている。

・刳物

彫刻的要素が強く、1本のかたまりを鑿《のみ》などで削り出し、器物にする方法である。楕円形や多角形を含め、不定型で造形的な形態の器をつくり出すのに適している。ただ、手間がかかるため量産には向かず、単品制作になる場合が多い。しかし、現在では機械化が進み、刳物の量産も可能となっている。

正倉院宝物の「漆胡樽《しっこそん》」や「漆彩絵花形皿《うるしさいえのはながたざら》」が、この技法でつくられている。漆胡樽は、耳の部分を桐の一材から削り出し、蓋と底を組み合わせてつくられている。

下地と漆塗り

●髹漆

漆塗りを総称して「髹漆《きゅうしつ》」と呼んでいる。難しい言葉だが、中国で使われていた言葉であり、「髹」とは漆を塗るという意味を持つ。明時代(1368~1662年)の漆の技術書で『髹《きゅう》飾録《しょくろく》』という本がある。漆塗りと加飾技法が網羅されている、漆工技法の教科書ともいえる本である。今では日本にしか残っておらず、これまで数多くの専門家が解説を試みている。すでに中国では失われた材料・技法も記載され、かつて中国から伝えられた後に独自の世界を築き上げてきた日本の漆工技術と比較する文献としても貴重なものとなっている。

　ここでは、この髹漆について、下地と漆塗りという一般にわかりやすい言葉に置き換えて説明することとする。漆工品は、素地の上に直接、漆の液を摺り込んだり、塗ったりする場合もあるが、一般的には下地を施した上に漆を塗るという工程を重ねてつくられる。下地の多くは、「地の粉」や「砥の粉」と呼ばれる土と生漆を混合するが、下地の土の種類や混入方法によって漆工品の仕上がりが変わってくる。

　下地は、狭義には素地(木地)と塗りの間に施される工程であるが、広義には乾漆や貼り抜きのように、胎の成形そのものと共有する工程と考えることもできる。麻布を漆で貼り重ねる作業を、素地と考えるか下地と考えるかは微妙であるが、下地作業の意味があることは間違いない。その成形された上に塗料としての漆が塗られ、漆器として成立するわけであるから、これらを含めてすべて「髹漆」ということになるのである。

●下地方法

・本堅地

具体的な下地方法とすれば、大きく分けて本堅地《ほんかたじ》・本地《ほんじ》・蒔《まき》地《じ》という3種類で分けられている。現在、多く取り入れられている技法は本堅地という方法である。本堅地とは地の粉、あるいは砥の粉を水で練り合わせ、パテ状にした中に生漆を混ぜ合わせたものを、箆《へら》や刷毛を使って器胎につける技法である。

　1回目の下地付けは粒子の粗い土を使い、硬化した後に徐々に細かい粒子の土で練り合わせた下地付けを4層から6層くらい重ね、最終的には砥石で水研ぎして、堅い平らな下地面を作る。これが「本堅地」の工程である。

・本地

　この本堅地に比べ「本地」は、下地土を粗い土の層から細かい土の層へと重ねていく工程は同じであるが、漆と練り合わせる前に水を加えパテ状にしておく本堅地に対して、土の粉のまま漆と練り合わせるもので、水を加えていないというのが本地の特色である。

・蒔地

また「蒔地」は、土の粉を混ぜずに先に漆だけを薄く塗りつけ、その漆膜に下地の粉末を蒔いてしみ込ませ硬化させる。やはり蒔く土の粒子は、本堅地・本地と同じように、数回重ね徐々に細かくしていく。

・下地の特色

このように3種類の下地方法の中で最初の本堅地は水を入れるが、後の本地や蒔地は水が入らない。この違いは下地の堅さにつながるわけで、本堅地は水が入る分、つけやすく硬化が早いが、水の入らない下地に比べて若干柔らかく、水分が多いと、もろくなる可能性もある。名前だけ比べてみると本堅地が一番堅そうな気がするが、実際には本地や蒔地のほうが堅い。

また、同じ本堅地でも京都の地の粉は水だけで練るが、輪島の地の粉は、珪藻土を蒸し焼きしてふるいにかけた地の粉のためにバサバサしており、つなぎとして糊を加える。その結果、硬化した後の堅さが、どうしても他の下地より柔らかい。その反面、京都の地の粉より粒子が細かく揃っているので、下地としては粒子が整い、扱いやすい。

それぞれの長所・短所があるが、現在産出される地の粉は、この2つの産地からしか手に入らないため、この2種類の地の粉を「山科地の粉」（京都府）、「輪島地の粉」（石川県）と称して使い分けているのである。かつては東京や岩手（中尊寺）など各地で取れた土を使っていたが、今ではすべて使われなくなってしまった。しかし、木曽地方では、平沢地域で取れる土を砥の粉として一部使用している。また特殊な例として、沖縄ではニービやクチャといった地元で取れる土の粉を使用している。

本地や蒔地は堅くて丈夫だが硬化が遅く、いったん硬化すると堅すぎて、研いで平らにするのに手間がかかりすぎる。これに対し、本堅地が若干柔らかいということは研ぎやすいということになる。したがって量産体制の中では、作業効率を考え、本地や蒔地は徐々に消えていったと考えられている。

しかし、単品制作と量産とは条件が異なり、現在の日本の漆器産地で行なわれている下地調合では、京都や輪島の下地は充分に強いほうで、砥の粉だけでつけられる下地や漆の入らない下地でつくられた漆器の産地が多いのが現状である。丈夫な漆器にするために必要なポイントは、漆を充分に加えた下地法であると考えている。

また、同じ下地でも練り込む漆が中国産の漆（中国産の生漆も種類が多く一概にはいえない）と日本産の漆では、研いだときの堅さに差があることもはっきりと感じる。とくに日本産漆の裏目掻きの漆は硬化が遅いが、乾きの速い漆と混合して下地にすると、一段と堅く硬化する。昔から細かく使い分けられてきた日本産漆の役割がよくわかる例である。

・下地作業の大切さ

それではなぜ、このような手間をかけて下地作業を行なうか。素地の大半を占める木材の年輪は、春材と秋材が交互に生まれるためにできる。木は、春から夏の生長のよい季節には柔らかいが、早く生長する。しかし、秋から冬にかけては休眠時期で堅くて幅の狭い杢目になる。この繰り返しが年輪となり一年に一本ずつできる。

木の種類によっては杢目がはっきりしている材もあり、目立たない材もある。漆工品の木地として最も多く用いられる木材はヒノキである。漆工品の木地には相性のよい材であるが、針葉樹という春材の柔らかい材の1つでもある。この柔らかい部分が乾燥するにつれて徐々に水分が蒸発し収縮する。当然、年輪幅も縮むが、体積が縮むため表面がくぼんでくる。漆工品として仕上がった当初はきれいな塗膜であっても、何十年、何百年の間に、塗膜表面にこの木材の収縮が映って見えてくる。これを「木地やせ」あるいは単純に「やせ」と呼ぶ。

杢目のやせだけではない。指物の場合の木地の接合部や、椀などの挽物の口縁や見込部《みこみぶ》(底部)などには、壊れにくくするために補強用に麻布を貼る。正倉院の櫃《ひつ》などのように、補強用に貼った麻布をそのまま見せてデザインしている例もあるが、一般的に平滑面に仕上げるためには、漆塗りだけではその補強用に貼った布目のやせが見えてくる。これをできるだけ目立たないようにするのが、下地の役割である。したがって厚くつければやせにくくなり、薄ければすぐに出てくる。

また、当然のことながら、下地土としての地の粉に練り込む生漆の量が多ければ下地は強くなるが、漆は空気に触れる表面層から硬化が始まるため、漆分が多い場合は、完全硬化に時間がかかり表面層が先に硬化し、下層部が塞がれ完全硬化に長期間を要する結果となる。したがって、生漆混入量の多い下地は出来るだけ薄く付け、表面層と下部層の硬化時間の誤差を少なくしなくてはならない。その結果、下地付けの回数が多くなり、手間が余分にかかる結果となる。

つまり、強靭な下地層をつくろうとするだけ、漆の量を多く使うこととなり、薄く回数を多く繰り返し付け、さらに毎回下地付けの後、次に付けるまで充分硬化させるために、一週間前後空けることになるから、材料・工程・期間とどれも多く必要となる。

つまり、強い漆器をつくるには、しっかり固まるまでに何か月もかかってしまい、これを急ぐと、仕上がった後から補強のための布目などがやせて見えてしまうことがある。これを防ぐため、急ぎの仕事をする時に、漆分をあえて少なく合わせ、やせのでないようなテクニックを使う場合がある。これは概して漆器の丈夫さと反比例するので、脆弱な下地の例になってしまうが、仕上がった時点ではわからない。

この方法は、コストを下げ短期間で仕上げられるため、価格の安い漆器に多くみられる。丈夫な漆器は、コストと期間が必要という意味はここにある。

・野地下地

仕上げまでの期間短縮とコスト削減が極端になると、漆も使わずに膠《にかわ》や糊あるいは柿渋などで合わせる場合がある。これらを「野地下地《のじしたじ》」あるいは「野地」と呼ぶ。安物の漆器には時々使われる下地である。

この場合でも、上から漆塗りが行なわれるとまったく見分けがつかなくなるが、使っているうちに1か所でもぶつけて下地が顔を出したとたん、洗うときに水分が浸みて下地が溶け始め、全体がめくれてしまうことになる。「安物によい物はない」というのが漆の世界であり、強い漆下地でつくられた漆器は、決して高価ではないのである。

また特殊な下地で、沖縄漆器に「豚血下地《とんけつしたじ》」というものがあった。「あった」というのは、最後の豚血下地を行なっていた工房が20年ほど前に辞めてしまったためである。豚血下地とは、下地を合わせる際に、漆の代わりに豚の血を練り込んで乾かしたもので、おそらく19世紀後半から出回ったものではないかと考える。

よく沖縄の漆は、豚の血を使うから赤い漆器なのだという人がいるが、これは誤解で、あくまでも下地に混ぜたものである。1990年代に取材に行ったが、沖縄は豚肉料理が盛んであり、漆工業者は精肉業者から買ってきた豚の血を冷蔵庫に入れて保存しておき、下地を合わせる時に、漆の代わりに豚血を使用してつけていた。血の蛋白質がすぐに固まるため、あっという間に堅い下地ができ上がる。数回に分けてつけたあと、研いで漆を塗ると、硬い下地層になる。しかし、漆下地に比べると長期間強度を保つというわけにはいかず、古くなると木地から下地ごと剝がれてしまうのが欠点である。

・刻苧と麦漆

もう1つ特殊な下地で、「刻苧《こくそ》」という材料がある。彫刻の分野では「木屎《こくそ》」とも書くが、一種の充填材であり、成形材でもある。生漆と小麦粉とを練り合わせ、粘度の高く接着性の増した漆を麦漆《むぎうるし》と呼ぶが、これに麻の細かな繊維(刻苧綿)や木粉(刻苧粉)を加えたものを刻苧と呼んでいる。木地接合部の補強や欠損部の充填、あるいは木地でつくれない細部の造形などに使用する。小麦粉の代わりに米糊を混ぜる場合は、柔らかく作業性がよいが、強度が落ちる。

いずれにせよ漆器は、下地が原因で傷むことが多い。数百年という単位で考えた場合、木地は乾燥により収縮するが下地は動かないために、この間に寸法の誤差が生じ、ある一定限度を超えると、ついに下地部分から剝がれてくることになる。

●乾漆技法

・木芯乾漆と脱活乾漆

　乾漆は、仏像彫刻の世界で乾漆像という言葉があり、そこから漆工の世界でも使用されるようになったものと考えられる。仏像には、金属でできている金銅像や、木でできている木彫像のほか、木芯乾漆像《もくしんかんしつぞう》、脱活乾漆像《だっかつかんしつぞう》がある。乾漆とは、あらかた木材で粗彫りを行なうが、構造的な芯に粘土で原型をつくり、その上に麻布と漆を貼り重ね、さらに木屎と呼ばれる木粉と麻布の粉を漆で練り合わせたパテ状のもので、細かな表面レリーフをつくり、下地・漆塗りを施して仕上げることである。乾漆のなかでも、麻布を貼った素地の芯材部を構造的に残したままの状態になっている像が木芯乾漆である。

　これに対して、芯は木であってもその回りに粘土で体やレリーフをつくり、その上に麻布と漆で仕上げて、最後は芯の材料を抜き取ってしまい、補強のために後で芯木を組み込むことはあるが、一般的には、芯が残らず空洞の状態にして仕上げる技法が、脱活乾漆(脱乾漆)である。近代以降、技法材料を英文に訳すことが必要になっているが、長い間乾漆が直訳されてドライラッカーと訳されており、これでは意味が伝わらない。

　日本で最も古い脱活乾漆の事例は、法隆寺献納宝物の伎楽面《ぎがくめん》であろう。乾漆伎楽面は3面あり、3面とも破損が激しいが、その破損部分から当時の乾漆技法をうかがい知ることができる。全体に2、3枚の麻布を貼り込んでいるが、麻布の上には刻苧などで成形した跡が見られず、全体に薄く下地が平均的についているだけである。その上に黒漆を塗り、さらに顔料で彩色している。おそらく、原型の段階で完成に近い造形があり、その表面に布着せを施し、前述の工程で仕上げたものと考える。

　しかし、内側の表から見える肉取りは消え、凹凸の少ない表面に麻布目が見える程に貼られている。そのため何らかの方法で雌形を抜き、内貼りによる成形技法も十分に考えられ、最後に内側に目すり程度で仕上げたのではないかとも推察するが、充分に硬化させせながらの仕事でないと、歪みの原因になる。軽く丈夫な面をつくるために乾漆技法を選んだものと思うが、木彫に劣らぬ造形美を出すための当時の技術者の、なみなみならぬ苦労がしのばれる。

・乾漆粉

　ちなみに、乾漆技法とは別に、私たちが使用している漆工技法の中で「乾漆粉《かんしつふん》」という材料がある。つくり方は、まず色漆(黒漆でもよい)を一度硬化させる。具体的にいうとガラスの面に2回程塗り重ね、十分に硬化した後、水に浸けガラスから剥がすと色漆の厚めの板ができるのである。これを硬くなってからよくつぶし粉末にしたものが乾漆粉であり、金粉・銀粉などと一緒に使う。色味のある加飾を行なうための材料である。

50年程前、漆の世界に入ったとき、乾漆と乾漆粉がまるで違った材料なのに、どうして同じ名称なのか疑問を抱いていたが、現在でも漆に携わるほとんどの人たちが同じ疑問を感じているのではないかと思う。

●下地をしない塗りの技法

・拭漆

下地をつけずに、木地に直接漆塗りを行なう場合がある。最もシンプルな方法は、「拭漆《ふきうるし》」という技法である。これを塗りと呼んでよいかどうかは別として、木地に直接生漆を吸い込ませ、余分な漆はすべて布で拭き取ってから硬化させる。この作業を10回以上くり返すと、それだけで艶のある漆膜ができる。

ケヤキやトチなど、杢目に変化のある材料でつくられた机や棚板に、拭漆を施すと、オイルや化学塗料で艶を上げたものと違い、しっとりとした木材の美しさが生きた仕上げとなる。木地見せの塗装の中で最高級の家具となる。

拭漆以外には、木地蝋塗《きじろぬり》、目はじき塗、春慶塗《しゅんけいぬり》などがあるが、すべて下地をつけずに木地の上に生漆や透漆・油などを吸い込ませすぐ拭き取る。この作業をくり返し、吸い込みが止まってからはじめて塗りが入る。

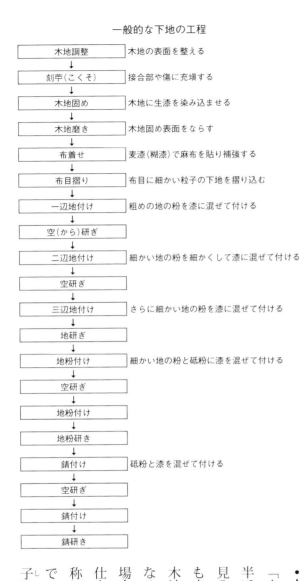

一般的な下地の工程

木地調整	木地の表面を整える
↓	
刻苧(こくそ)	接合部や傷に充填する
↓	
木地固め	木地に生漆を染み込ませる
↓	
木地磨き	木地固め表面をならす
↓	
布着せ	麦漆(糊漆)で麻布を貼り補強する
↓	
布目摺り	布目に細かい粒子の下地を摺り込む
↓	
一辺地付け	粗めの地の粉を漆に混ぜて付ける
↓	
空(から)研ぎ	
↓	
二辺地付け	細かい地の粉を細かくして漆に混ぜて付ける
↓	
空研ぎ	
↓	
三辺地付け	さらに細かい地の粉を漆に混ぜて付ける
↓	
地研ぎ	
↓	
地粉付け	細かい地の粉と砥粉に漆を混ぜて付ける
↓	
空研ぎ	
↓	
地粉付け	
↓	
地粉研き	
↓	
錆付け	砥粉と漆を混ぜて付ける
↓	
空研ぎ	
↓	
錆付け	
↓	
錆研き	

・木地蝋塗

「木地蝋塗」は、下塗から上塗まで同じ半透明の木地蝋漆《きじろうるし》を塗り重ね、杢目が見えるように仕上げる。同じ木地蝋塗でも中塗りに朱漆塗を塗り、最後に上塗に木地蝋漆を塗った場合は木地が見えなくなる。この場合、中塗りに朱塗を塗った場合「朱溜《しゅだめ》」と呼び、一般的には塗り立て仕上げとなる。そしてこれらの塗りを総称して「溜塗」と呼んでいる。特殊な名称で正倉院の宝物の中に「赤漆文欟木《せきしつぶんかんぼくの》厨《ず》子《し》」という箱型厨子棚があるが、この赤漆というのは木地を蘇芳《すおう》(豆科の染色植物)で赤く染め、その上に透漆を薄く重ねた塗り方を指している。

・**春慶塗**

「春慶塗」と呼ばれる塗り方も、木地蝋塗と同じく、杢目を見せて仕上げる方法だが、もっと透明度を出すために、油を加えた漆を塗る技法である。最初に漆がしみ込んでしまうと、それだけで木地が黒ずんでしまうため、目止めと呼ぶ、木地に対する吸い込み止めを行なう。この段階で、赤色や黄色の着色を行なっておく。その後、桐油や荏油などを何回か吸い込ませて、透明な明るい膜をつくる。何回かくり返すうちに、油に漆を徐々に加え、油分と漆分の量が等量になり、その後、漆分が多くなっていく。最後に、透明度の高い透漆《すきうるし》を塗り立て仕上げる。赤色で着色したものを紅春慶、黄色で着色したものを黄春慶と呼んでいる。春慶塗は、かつて全国にあったといわれている。最も有名なのが岐阜県高山地方の飛騨春慶であり、奈良県の吉野春慶、茨城県の粟野春慶、秋田県の能代春慶、青森県の白子春慶等々があるが、後継者がいなくなり、ほとんどの春慶塗が失われたか、失われつつあるのが現状である。

漆下地を使わない安価な漆塗りとして、「掻合塗《かきあわせぬり》」という技法がある。柿渋を数回塗り重ねた上に、1回ないし2回漆塗りをして仕上げる簡素な方法で、日常食器に用いられている。

・**目はじき塗**

木の中には導管の太い材がある。広葉樹の中でも散導管と呼ばれる木々で、ケヤキ・ハリギリ・タモノキ・クリのような木である。導管が太くはっきりして深いため、漆を塗ってもその杢目のなかに漆が入らずはじいてしまう。この性質を利用した塗り方が「目はじき塗」である。やはり吸い込み止めを行なった後に、ごく薄く中塗を入れ、次に上塗を行なう。厚く塗りすぎれば、杢目がつぶれてしまい、杢目ははじかない。塗りが薄すぎれば、かすれたり、目が目立ちすぎたりして塗物としては適さない。塗りの工程は少ないが、上塗りは1回きりの、高い技術を必要とする塗り方である。

これらの塗りに共通したことは、天然木の杢目を生かした自然味溢れる漆器であり、下地を使わないため、何百年経っても剝がれることはない。塗りの工程が少なく安価にできるため、高級感はないが、親しみやすい暖かさのある日常の漆器として、気軽に薦められるものといえる。

●仕上げ技法

下地を施した上に塗られる漆は、一般的には下地の茶色い土色を隠すために、下塗として黒色の漆が塗られる。この場合、古代から中世にかけての漆工品を調査すると、中塗の黒漆には松煙・油煙の類の粒子を練り込み、不透明な黒漆を塗っていることが多い。その上に塗る上塗漆は意外にも、透漆を塗り、同じ黒く見える漆でも透明感のある、柔らかい色調の仕上げとしていることに気づく。とくに蒔絵による加飾を加えられている場合、必ずといってよいほど透漆で上塗されている。

近世以降になると、鉄により黒色化した黒蝋色漆《くろろいろうるし》の上塗が主流となる。前述したようにこの2種類の黒色漆が、いつの時代から使い分けられたのかは未だに特定出来ず、興味のあるところである。

・塗り立てと蝋色仕上げ

塗りの仕上げ方法は2種類ある。1つは「塗立て」あるいは「塗放し」と呼び、上塗漆を硬化させて仕上がりとなる技法である。これに対し上塗漆が硬化した後、炭研ぎをして平らに研ぎ、研ぎ傷を取り除いた後、磨き上げる技法を「蝋色《ろいろ》仕上げ」と呼ぶ。同じ漆を使いながら、仕上げ方法でまったく違った雰囲気になる。

日本の漆塗技法の歴史の中で、塗立仕上げと蝋色仕上げ、どちらが先かといえば当然、塗立仕上げとなる。縄文時代のものはすべて、塗立仕上げになっている。天平時代に唐から漆工技術が伝わると、表現技法の種類は増えるが、その仕上げは塗立であることがわかる。

ただ、その時代の中でも末金鏤《まっきんる》といわれる装飾が施された漆塗りの鞘や、平城宮跡から出土した八角棒《はっかくぼう》は、研出蒔絵《とぎだしまきえ》的技法であるから、研ぎ・磨き上げるという技法は、この時点から日本でもあったことになる。

蝋色仕上げを可能とするための技術は、研ぐ材料、いわゆる研炭《ときずみ》の品質が重要ということになる。日本には、研炭材の種類が多い。下塗研ぎの段階では、形を正確に出すために比較的硬い朴炭《ほおずみ》を使用する。中塗研ぎの段階では、肌を整える油桐（駿河炭と呼ぶ）を使用する。上塗研ぎ後の傷を除く炭には、チシヤノキをごく柔らかく焼いた炭（蝋色炭と呼ぶ）を使用する。特別なものでは、金地を研ぐときには椿炭を使用する。このように工程や目的により研炭を使い分けている。蝋色仕上げは、このような研炭が欠くことのできない要素となっている。

・変塗

その他に「変塗《かわりぬり》」という特殊な仕上げ技法もある。一般的な塗り仕上げは、透漆・黒漆・色漆にかかわらず無文の塗立または蝋色仕上げのどちらかである。しかし、変塗は、数多くの技巧を凝らし、色・文様など変化をつけた仕上げ技法である。これらは髹漆的技法と蒔絵的技法とに大別することができる。

髹漆的技法としては、まずは、おもに絞漆《しぼうるし》と呼ばれる、粘性が強い漆を用い、凹凸をつけて表現する技法がある。漆は、豆腐やゼラチン、卵白などのタンパク質が加わると、粘性が増す性質がある。この特徴を利用するか、唐《とう》の土（鉛白《えんぱく》とも。鉛に酢酸ガスと炭酸ガスを作用させてつくった白色顔料）などを加えることにより、粘度の高い漆にしたものを用いる。そしてこの漆を塗って、叩いたり地文《じもん》を付けたりするなどの下塗を施し、硬化後に別の色漆などを数回重ねて塗った後に研ぐ。こうすることによって、色漆を塗った下から、下塗りした漆の高い部分が地文の中に見えるという技法である。

そのほかにも、錆漆(水で練った砥粉に生漆を混ぜたもの)などで地肌に変化をつける技法、植物の種や実などあるいは棕櫚《しゅろ》・刻煙草《きざみたばこ》・松葉などの材料を蒔くことで、その周辺に漆が集まり盛り上げる性質を利用した技法、あるいは、水分を抜いて硬化しなくなった漆を、研ぎ面に絵を描くと、その部分のみが吸い上がってくるという漆の性質を利用して文様を表す技法、さらには、型紙を用いて、あらかじめ凹凸をつけ、地紋を表現する技法などなど、その他枚挙に暇がないほど応用技法が多く、幅広い表現が可能となる。

また蒔絵的技法には、薄貝を微塵にした粒を蒔いた後、塗り込み研ぎ出す技法。卵殻を細かく割って貼り並べる技法。錫金貝《すずかながい》(錫を圧延して薄紙のようにしたもの)を切り抜いて糊で貼り、それ以外の部分に蒔絵などを施す技法。色粉を蒔いて、鉄色や銅色など金属の錆肌に似せて表現する技法。これらの他にも、研出蒔絵の応用技法も数多くある。さらにこれらの技法を組み合わせることにより、変塗技法は無限に近く編み出すことができる。

これらの変塗技法は、江戸時代中期以降、蒔絵・金貝(金・銀・錫・鉛など金属の薄片を漆面に貼り付ける技法)・螺鈿などに代わる、比較的安価な鞘の装飾技法として、中~下級武士の間に広がり、さまざまな工夫を凝らしたものが生み出されたため「鞘塗《さやぬり》」と称されるようになったが、変塗イコール鞘塗ということではなく、変塗の技法がおもに鞘塗に用いられているということである。

変塗は、その技法を用いた地方漆器としても明治以降は残り、青森県の津軽塗や福井県の若狭塗など、それぞれの産地で受け継がれて現在も残っている。また特異な例としては、幕末明治に活躍した柴田是真《ぜしん》(1807~1891年)は、蒔絵師としても名を馳せたが、絞漆を用いた青海波塗《せいかいはぬり》(青海勘七が元禄年間に創始した、絞漆を薄く塗り鋸歯状の箆などで波文を描く手法)の復元や、色粉などを蒔いて表す青銅塗・砂張塗・鉄錆塗などを用いた作品を数多く制作するなどして、国内外で認められている。

漆工品の装飾技法

●加飾技法

漆を用いた塗り技法について述べたが、髹漆だけで仕上げるほかに、塗った上にさらに装飾を加える表現も数多く伝えられてきている。それを通称「加飾技法」と呼ぶがその例を紹介する。おもな加飾技法には、蒔絵《まきえ》・螺鈿《らでん》・平文《ひょうもん》・漆絵《うるしえ》・密陀絵《みつだえ》・箔絵《はくえ》・沈金《ちんきん》・蒟醤《きんま》・存星《ぞんせい》・彫木彩漆《ちょうもくさいしつ》など種類が多く、専門用語も多いため、展覧会などで漆工作品を見ていると、見慣れない難しい名称が多いことに気づく。私達が日常生活している中でお目にかかる機会がほとんどない文字なので、何を意味しているのかわからない技法用語も多く、違和感があるのも当然だろう。

その中で、比較的一般に知られている技法は「蒔絵」ではないだろうか。蒔絵は日本の漆工芸の加飾技法の代表的な技術の1つである。読んで字のごとく、金や銀のかたまりを鑢《やすり》で下ろし、細かい粉としたものを漆で描いた「絵」の上に「蒔き」つけて表現する技法のことを指す。つまり、蒔いて絵にするから蒔絵ということである。ただ、技術的には複雑で、表現も多種多様である。蒔絵のおもな技法の種類は後述するが、これまでに伝わっている漆工文化財の逸品の多くを見ると、実際には教科書通りの蒔絵の技法のみで表現されている作品は少なく、何らかの形で複数の技法が、組み合わされて表現されることのほうが多い。

現在表現されている日本の漆工技術は、ほとんどが中国大陸から伝えられたものだが、現状では蒔絵だけは日本独自の技法と考えられている。長い中国の漆工の歴史の中で、蒔絵技法が日本に登場する7世紀以前にもそれ以後にも、蒔絵で表現された漆工資料が見つかっていないからである。中国では、春秋戦国から漢の時代にかけて、消粉(金銀泥)を用いて描く表現は多く見られる。ただし、これは蒔絵とは別と考えている。もちろん、これから発見される可能性もあるので、絶対ということはいえない。したがって、現時点での蒔絵の源流の特定は出来ていない。

起源論は別として、奈良時代から現代に至るまでの日本の蒔絵の発展には、めざましいものがある。蒔絵が代表的な漆工加飾技法であるのは、世界中で〝URUSHI〟というより〝MAKIE〟という言葉が通じるほど、日本の漆工品の代名詞となっていることでもわかる。19世紀に入ると、中国の広東地方でも蒔絵技法が現れる。「描金《びょうきん》」と呼ばれる加飾技法で、漆で描いた上に、箔をつぶして細かい粉にした消粉《けしふん》(金泥)を真綿で摺り付ける技法であり、輸出用の漆器と考えられ、ヨーロッパ各地でみることができる。通称「広東《かんとん》蒔絵」と呼んでいるが、日本の蒔絵技法の影響であろう。

漆工技法は東アジアから東南アジア地域に広がっているため、その地域によって加飾技法にも個性がある。現在各国で盛んに漆器制作が行なわれているが、かつて多くの技法を日本にもたらした中国では、現在は彫漆が土産物として多くつくられており、韓国ではアワビ貝を用いた薄貝螺鈿が中心である。

この螺鈿は、日本・中国・ベトナム・タイなど韓国以外でもアジアの各地ほとんどの地域で行なわれている。とくにベトナムでは、切り抜いた貝を木地に彫り込んで象嵌する、木地螺鈿や卵殻が盛んである。タイ・ミャンマー地域では、蒟醤技法を用いた籃胎漆器が多くつくられている。この地域では、箔絵や沈金などの技法も行なわれていたが、沈金はすでに生産されていないという。蒟醤という技法は、現在日本では香川県高松市を中心に伝えられている。

このように国柄や地域性によって表現方法や意匠にも個性が出てくるが、ここに示したのは代表的な技法でこれ以外の表現がされていないという意味ではない。

次に、蒔絵を中心としながら、日本漆工の加飾技法について述べてみたい。

●蒔絵とは

・蒔絵の歴史

2014年、正倉院宝物である「金銀鈿荘唐大刀《きんぎんでんそうのからたち》」の鞘に施されている文様、「末金鏤《まっきんる》」について調査をする機会に恵まれた。その結果、表現技法は研出蒔絵とほぼ同様の技法であることが判明した。蒔絵の源流として位置づけることができるのである。それでは、末金鏤時代を経て、蒔絵という名称がいつ頃から使い始められたのであろうか。(写真4、5)

平城宮跡から出土した「蒔絵八角棒断片」は、金銀粉を用いた、完全に研出蒔絵の技法でつくられている。そして、資料的に年

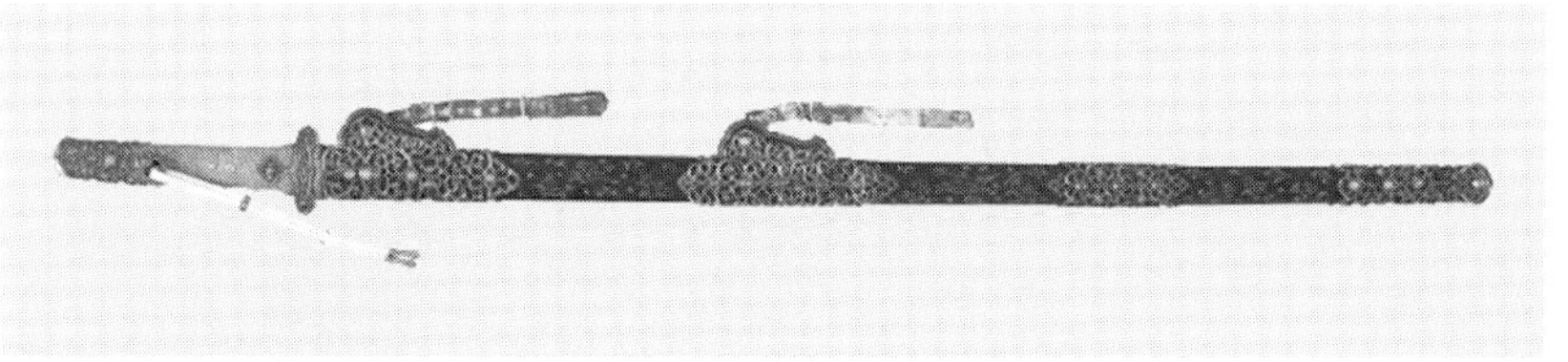

写真4 「金銀鈿荘唐大刀」 正倉院所蔵 宮内庁

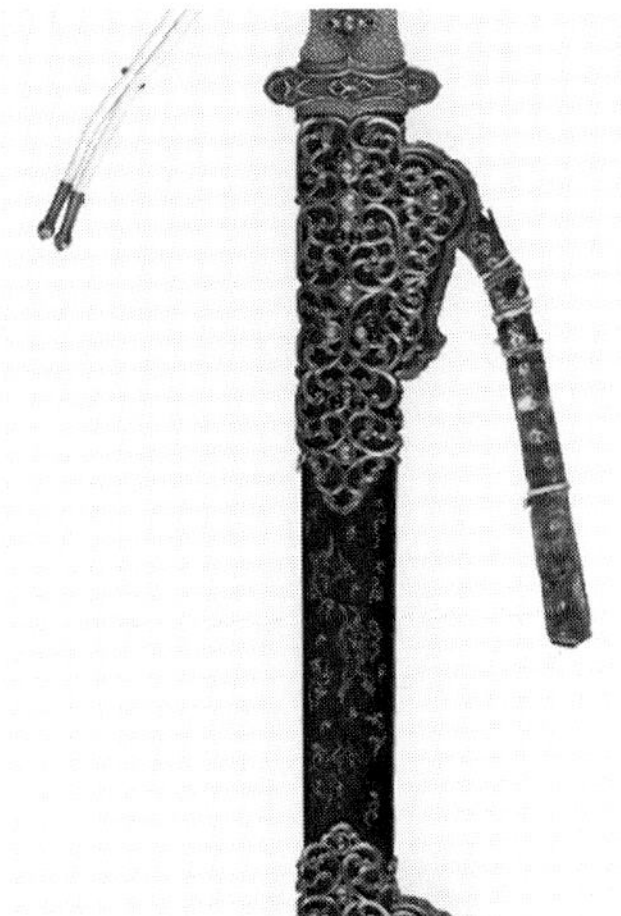

写真5 金銀鈿荘唐大刀鞘の模様

代を裏付けることができる、漆工品で最も古い資料は、京都仁和寺所蔵の国宝「宝相華迦陵頻伽蒔絵塞冊子箱《ほうそうげかりょうびんがまきえそくさっしばこ》」(写真６)である。塵居《ちりい》(蓋表の稜線際《りょうせんぎわ》に小さな段を設けたもの)のある被蓋《かぶせぶた》造で、角丸の柔らかい曲線を持った長方形の箱である。素地は塞《そく》と呼ぶ、麻布を何枚も漆で貼り重ねたもので、いわゆる今でいう乾漆技法によりつくられている。意匠は黒漆塗りに金・銀の平塵《へいじん》で地がつくられ、蓋表の中央の長方形の線に囲まれた中に、「納真言根本阿闍梨空海／入唐求得法文冊子之筥」という銘文を、その周辺に迦陵頻伽《かりょうびんが》・宝相華《ほうそうげ》・瑞雲《ずいうん》・鳥などを配している。これらの文様はすべて金などの研出蒔絵の技法で表している。冊子とは空海が唐で学んだ密教関係の経典などであり、三十帖冊子《さんじゅうじょうさっし》と呼ばれている。

写真6　国宝宝相華迦陵頻伽蒔絵塞冊子箱(仁和寺所蔵、写真：京都国立博物館)

空海入寂後に散逸を防ぐため、延喜19(９１９)年に、醍醐天皇が冊子を一括して東寺に納めた折につくらせた箱だという。

「蒔絵」の史料上の初見はどうかというと、『延喜式』(９０５～９２７年)に、「御持仏一龕《いつがん》(龕は仏像などをおさめる厨子、仏壇、寺塔などを指す)、蒔絵案一脚」とある。また、9世紀から10世紀頃に成立したといわれる『竹取物語』の一節に、「麗はしき屋を造りて漆を塗り蒔絵をし」という文章が書かれており、この頃にはすでに建物の内部に漆を塗り、その上に蒔絵を施すという、建造物規模の蒔絵技術があったと想像できる。

その他、平安時代の『伊勢物語』『栄華物語』『大鏡』の中に、蒔絵をしている様子が書かれた一節があるのは、当時の貴族階級の中で、蒔絵の調度が盛んに取り入れられていたことをうかがい伝える資料だといえる。

・蒔絵の材料・道具

「蒔絵」は先述したように、金銀を鑢で下ろした粉末を蒔いて絵にすることからの名称である。あらかじめ文様を漆で描き、あるいは塗って、その漆が固まらないうちに金銀の粉を蒔きつけ、一緒に硬化させる。漆は接着力が強いため、金銀の粉は漆に食いついて固まる。蒔絵に使用する粉は金・銀をはじめ、金と銀を合わせた青金・銅・錫・真鍮などの金属製、あるいは先述した乾漆粉などまで含めると、種類も実に豊富である。

金銀の蒔絵粉は、大きさや形など目的に応じて数多く種類がつくられており、大きさでは20段階くらいに大小の粉がつくられている。50年ほど前までは、それぞれの金粉の粗さにすべての名前が付けられていたが、徐々に数字で表示されるようになり、今では最も細かい粒子が1号粉、粒子が粗くなるにつれて数字が上がり、最も粗い粉が20号粉となっている。

形も種類があり、鑢粉《やすりふん》をまるめた丸粉、それを叩いて平扁にした平目粉、さらに薄くした梨子地粉と、形態により名称が付けられている。

また、蒔絵では、粉筒《ふんづつ》という道具を使う。平塵《へいじん》という古代にみられる地蒔きは、ある程度の形を整えた粉を、篩《ふるい》を使って大きさを揃え、粉筒により平均に淡く蒔く。この粉筒で蒔く行為がなければ、平塵は成立しない。漆と筆あるいは刷毛に加えて、粉筒という道具が揃った上で、金・銀による装飾技法は初めて「蒔絵」として成立しているといえるのではないか。

・蒔絵の技法

蒔絵の技術は、絵画のように、表面から見える平面的な仕事のみで成り立つ世界ではなく、材料の厚みや粒子といった、立体的な視点を加味しなくては表現できない分野である、ということなのである。単純にこの原理を理解してもらわなければ、粒子や形の異なる材料を同時に使う難しさを、理解してもらえないと思う。このように単なる形態、意匠といった一般的な見方と異なった角度から漆工品を見ると、違った側面が見えてくるのではないだろうか。

数ある蒔絵の技法では、研出蒔絵・平蒔絵・高蒔絵の三種類が基本形となる。この3種類の蒔絵技法が、1つの作品に用いられた最も古い作例としては、鎌倉時代に制作されたと伝えられる国宝「梅蒔絵《うめまきえ》手箱《てばこ》」(三嶋大社所蔵)がある。この手箱(写真7)は全面を金《きん》沃懸《いかけ》地《じ》(金、銀の鑢粉を全体に蒔き詰めた地のこと)とし、一重の梅と葦手《あしで》文字(和歌などの文字の一部を絵の中に散らして、出典を判じさせること)が銀平文、八重の梅や雁などが金高蒔絵で表現され、蓋裏や懸子《かけご》(ある箱の身の縁に掛けて、その箱の中にぴったりはまるようにつくられた箱のこと)の表現は研出蒔絵で表されている。また、流水などは付描《つけがき》技法(研出蒔絵などの装飾が施された後、微細さを平蒔絵で表すこと)で表現されている。さらに、内容品の内側の芦などは平蒔絵で表すというように、多彩な蒔絵技法が用いられている。

写真7　国宝梅蒔絵手箱(三嶋大社所蔵)

この基本3種の技法以外に、応用技法として肉合研出《ししあいとぎだし》蒔絵・研切《とぎきり》蒔絵・木地蒔絵など、複雑なものが多数ある。時代を追ってみると、まず初めに研出蒔絵という技法が生まれ、続いて平蒔絵・高蒔絵という順に発生することになる。それは、蒔絵粉の製造技術と深く関係しているのである。

・研出蒔絵

「研出蒔絵」は、蒔絵技法の中では最も初期から行なわれた技法である。概略の工程は、上塗を行なう前の中塗研ぎの面の上に蒔絵を施し、全体に塗込みを行なう。その後、研炭で上塗面を研ぎ、蒔いた金粉を研いで文様を出して仕上げる。結果的には、蒔絵文様はいったん上塗面に沈んだ後、最終的に上塗面と同一面に研ぎ出され表現されるのである。

金粉は、研炭を用いて研ぎ出すという作業上、比較的粗い粒子の粉を、使用することが多い。他の絵画表現と異なり、蒔絵表現の最も特色ある点といえば、蒔絵粉を蒔いて絵にするということである。つまり、絵を構成する素材が点で表せるという意味で、微妙なぼかし表現が可能になる。この表現を可能にする技が、研出蒔絵ということになる。

具体的にいえば、蒔き詰めた金粉の地から、少しずつ粗い金粉を蒔き消していく。あるいは、塵蒔のように大きな金粉を、均一に淡く蒔く。この場合、金粉を蒔き詰めた部分は、下付けの漆が金粉により見えなくなるが、金粉が淡く蒔かれた部分は透漆ではあるものの、下付けの地塗り漆が残って見えてしまう。しかし、その上から全体に上塗り漆が被せられるため、同色の透漆を用いて下付け漆は見えなくなり、淡く蒔かれた金粉だけが人の目に入ってくることになる。以上の原理を利用して、より複雑な表現が得られるのが研出蒔絵である。

・平蒔絵

蒔絵粉の製造技術が発達し、細かい金粉がつくれるようになってくると、それにともなって「平《ひら》蒔絵」という技術が生み出されることになる。平蒔絵は、上塗りが終了した仕上げ面の上に施される蒔絵である。この場合は塗立、蝋色仕上げ、あるいは研出蒔絵の仕上げ面などいずれも同じ条件での仕上げ面という意味である。したがって厳密には、下付け漆及びそこに蒔きつけた蒔絵粉の高さだけ、仕上げ塗面から上がることになるが、使用される金粉が細かいため、研ぎ出さなくても同一面に近い表現に見える。

技術的な点では、研出蒔絵のように塗り込み作業はないが、金粉を磨くには蒔いただけではとれてしまう。したがって粉固めと称して、漆を金粉上から浸み込ませる工程を踏んだ後、磨いて仕上げることとなる。これが平蒔絵である。

桃山時代の技法的特色として、「蒔放《まきはな》し」という技法が上げられる。蒔放しとは、粉固めという定着作業を行なわず終了する意味で用いられているが、粉固めをしないと現実には金粉の定着度は弱い。このため使っているうちに金粉はこすれて取れてしまう。このような作業は表現上の特色というのではなく、おそらく輸出漆器の大量生産にやむを得ず行なわれた工程上の手段ではないかと考える。

粒子の細かい粉を使用した場合は、定着した漆が硬化すればすぐに磨くことができ、金は輝いてくる。粒子が少し粗くなると磨いただけではすぐに光らないので、粉固めの後に、軽く炭研ぎを行ない、蒔絵粉の表面を整えてから磨くことになるが、いずれにせよ微妙な作業工程の差異である。これらを含めて、仕上がり塗面に粉を蒔き、粉固めをした後、磨き上げる技法を平蒔絵と称している。

・高蒔絵

高蒔絵《たかまきえ》は、名称の通り、あらかじめ文様部分を下地・漆などで高く盛り上げ、その後、同部分の中塗を経て蒔絵を行なう技法を指す。高く盛り上げる以外の作業工程は、他の蒔絵と同様である。高く盛り上げる作業は、平蒔絵同様に仕上げ面に行なう場合が一般的である。ただ、江戸時代初期(17世紀)の国宝「初音《はつね》蒔絵《まきえ》調度《ちょうど》」(愛知県名古屋市・徳川美術館蔵)に見られる高蒔絵技法のように、中塗研ぎの面に高く盛り上げる作業を行ない、肉取りをした下地を研ぎ整え、中塗研ぎまで地の部分に追い着かせた後に、地と高上げ部の両方同時に蒔絵を施す場合もある。高上げの方法は、炭粉・砥の粉・漆などのほか、地の粉を使用した高上げの例もみられる。

高蒔絵は、単独の蒔絵技法だが、前述の研出蒔絵・平蒔絵などの技法と組み合わせて表現されることが多く、応用的表現とも考えている。

・肉合研出蒔絵

前述の高蒔絵から、さらに発展させた応用技法である。簡単にいうと、高蒔絵と研出蒔絵の併用技法ということになり、技術的にはさらに高度になる。高く盛り上げた肉取り面が、徐々に地の高さへと移り、地の平面と溶け込むように研ぎぼかし、レリーフ状の地をつくる。その後、地の漆面部分から、スロープ状に斜めに肉取りされた高上げの部分にかけて、同時に粉蒔きを施し、研出蒔絵で仕上げるため、技術的にも難易度は高くなる。このような複雑な技法を「肉合研出蒔絵《ししあいとぎだしまきえ》」という。

・研切蒔絵

研切《とぎきり》蒔絵は、墨色から蒔絵粉色へと、ぼかし蒔いて研ぎ出す技法で、研出蒔絵の応用技法である。つまり、研出蒔絵技法を用い、絵画でいう墨絵風に表現するというイメージである。あらかじめ、墨の粉(硬い椿炭の粉)と金や銀の蒔絵粉を用意しておき、漆で文様を描いた上に墨色から徐々に淡い色に変化するように粉蒔きを行なう。この場合、下付けに使用する漆も、蒔く粉の色に合わせぼかしながら地塗りを行なう。

その後、文様以外の部分を地塗りし、金あるいは銀などの蒔絵粉を全体に蒔き詰める。その後に全面を漆で塗り込め、硬化後に研炭を使い、金地あるいは銀地に、黒の文様の濃淡が微妙に研ぎ出るように仕上げる。印籠蒔絵などによく見られる蒔絵技法である。

・木地蒔絵

蒔絵は、一般的には漆が塗られた上に行なわれるが、木地蒔絵の場合は、木地に漆を塗らず直接蒔絵を施す技法である。したがって、白木地を汚さずに、蒔絵部分の下地付け・塗り・蒔絵という工程を重ねるため、木地の養生を行なわなければならず、高度な技法を要する蒔絵である。蒔絵の表現は、研出蒔絵・平蒔絵・高蒔絵といずれの技法も使えるが、白木地との視覚的効果を考え、高蒔絵技法を用いての表現が多い。江戸時代末から明治時代にかけて、蒔絵師の腕の高さを見せるという目的で多く制作され、胎として使用する木地も、あえて漆がしみ込みやすい柔らかい材(キリやヒノキなど)を用いて制作されることが多い。

●平文と平脱

金・銀(他の金属も含む)の薄い板金を、文様に切り抜いて漆面に貼り、その上から漆を塗り込め、研ぎ出す加飾技法を「平《ひょう》文《もん》」と呼ぶ。

平脱という技法は、金銀の薄板を文様に切り抜いて、中塗研ぎの漆塗膜の上に貼りつけた後、器物全体に厚みのある板が埋まるまで、複数回漆を塗り込み、最後に金銀薄板の文様の上にかかった漆を剥ぎ取って、文様を出していく。結果的に、文様の薄板は、上塗漆と同一平面上に埋められたことになる。また、文様以外の他の部分は一切触れないため、全体は塗立て仕上げになる。中国では、すでに漢時代、もしくはそれ以前からの遺品が伝えられている。

これに対し平文は、塗り込むまでの工程は平脱と変わらないが、金属板の上に被った漆も含め、全体に研いで磨き上げる方法を用いている。薄い金属板を貼り、文様にすることは共通しているが、仕上げ方法として名称を分けている。かつては、平脱は中国名、平文は日本名で分けているとの理論もあったが、現在では仕上げ方法の違いという説が一般的になってきている。結果的には、中国と日本の違いでもあるともいえる。平文は、研ぎ出した後に、金属板に毛彫りで文様を施す場合が多く、毛彫りを行ないやすいように、厚めの板を用いる。

これは、螺鈿の仕上げにもいえることである。中国から伝わってきた螺鈿の作品は、すべて貝の上を剝ぎ取るが、日本では中世以降、研ぎ出して仕上げる螺鈿技法が多い。なお、琉球の螺鈿は、中国の影響が強く剝ぎ取りが多いが、もともと中国の歴史には、研いで仕上げるという技法は生まれなかった。その理由は道具の違いではないかと考える。昔から、金属器中心の文化である中国の技術あるいは材料とすれば、研ぐための研炭は欠かせない。しかし、金属器を研ぐためには、朴炭のような堅い炭が必要である。仕上げに多少柔らかい炭を使うにしても、漆面の仕上げには傷が入ってしまい、金属用の研炭では、傷のない塗膜面の仕上げは成り立たない。したがって、仕上げに研出しという工程を行なったら、必ずその傷を取り除く工程作業が必要となり、駿河炭と同時に深い傷の入らない、蝋色炭と称する極柔らかい炭を焼かなくてはならない。

この炭の焼き方を工夫し開発した日本では、研ぎ出しという仕上げ法、いわゆる蝋色仕上げの技法が定着したと考える。当然、仕上げ肌の好みという違いもあるだろうが、その好みに合わせた材料道具の開発は、欠かせない要素ではないかと思う。その違いにより、中国の剔出しによる平脱、日本の研出しによる平文という結果が生まれたのではないか。

中国に伝わる『髹飾録《きゅうしょくろく》』にも、下地や塗りの工程は表現されているが、研いで磨く工程はないと思われる。この違いは前述したように、中国から研出蒔絵の技法が伝わったのではなく、日本で生み出されたために中国に技法名がない。そして、「正倉院献物帳」に技法解説として添えたという話につながる。これはあくまでも技術的な仮定の話であって、文献・資料の根拠のある話ではない。しかし、そのようにみていくと、違った角度から漆技法がとらえられ、漆を楽しく知ることができると考える。

●貝を使う螺鈿の技法

漆工品の加飾技法の1つで、貝の殻の真珠層の部分を使い文様を表す技法を「螺鈿《らでん》」という。元来「螺」は螺旋状の意味で巻き貝を意味し、「鈿」は飾るという意味を持つ（一枚貝を使用した例もある）。正倉院宝物の中にある「平螺鈿鏡《へいらでんきょう》」や「螺鈿紫檀五弦《したんのごげん》琵琶《びわ》」などが有名だが、平螺鈿鏡はコールタール状の塗料で固められているといわれており、琵琶などの楽器類は、紫檀や黒檀などの堅い木に象嵌した、木地螺鈿という技法で表現されている。

平安時代後期には、平等院の鳳凰堂や中尊寺の金色堂などの寺院堂内に、夜光《やこう》貝《がい》を使用した厚貝螺鈿で豪華に装飾した例が見られる。夜光貝は、南西諸島に生息する貝が中心で、屋久島周辺の貝の色が最も良質といわれたことから、「ヤク貝」と呼ばれ、それが「ヤコウ貝」になったともいわれる。青白く輝く夜光貝と、金粉、黒漆の装飾は、極楽浄土を表現するのに最適な

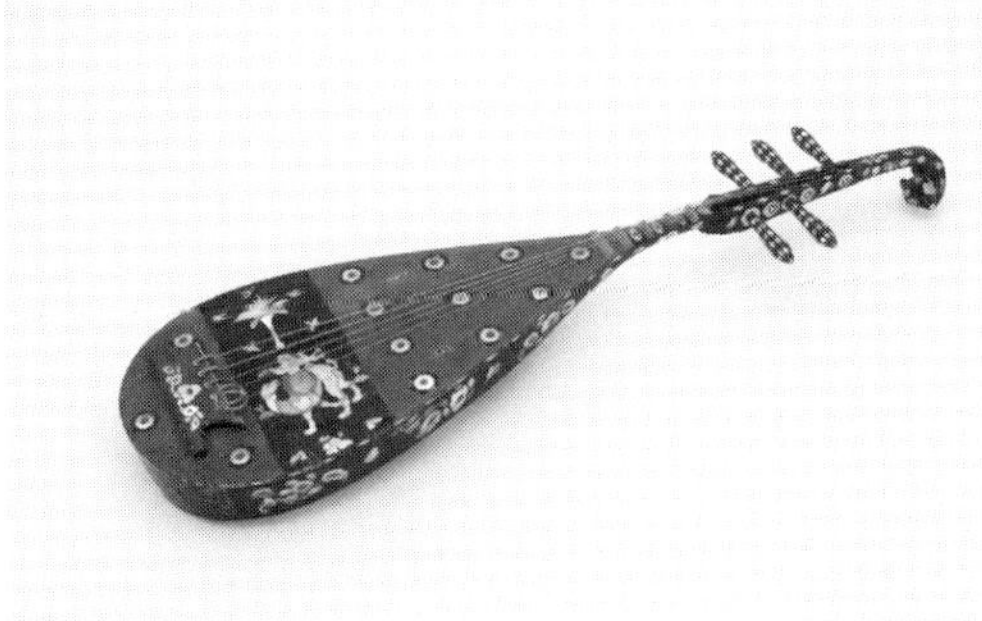
「螺鈿紫檀五弦琵琶」（正倉院所蔵）

「螺鈿紫壇五弦琵琶」の螺鈿

材料だったのではないだろうか。

貝は、夜光貝のほか、鮑《あわび》貝・蝶貝・栄螺《さざえ》貝・アコヤ貝などが用いられ、特殊なものとしてメキシコやニュージーランドの鮑貝なども使われている。加工の方法は、貝の厚みにより、厚貝と薄貝とに分けられる。厚貝は、貝殻を砥石で1㎜程度の厚さに削り出して使用される。鎌倉時代までは大半が厚貝として使用された。

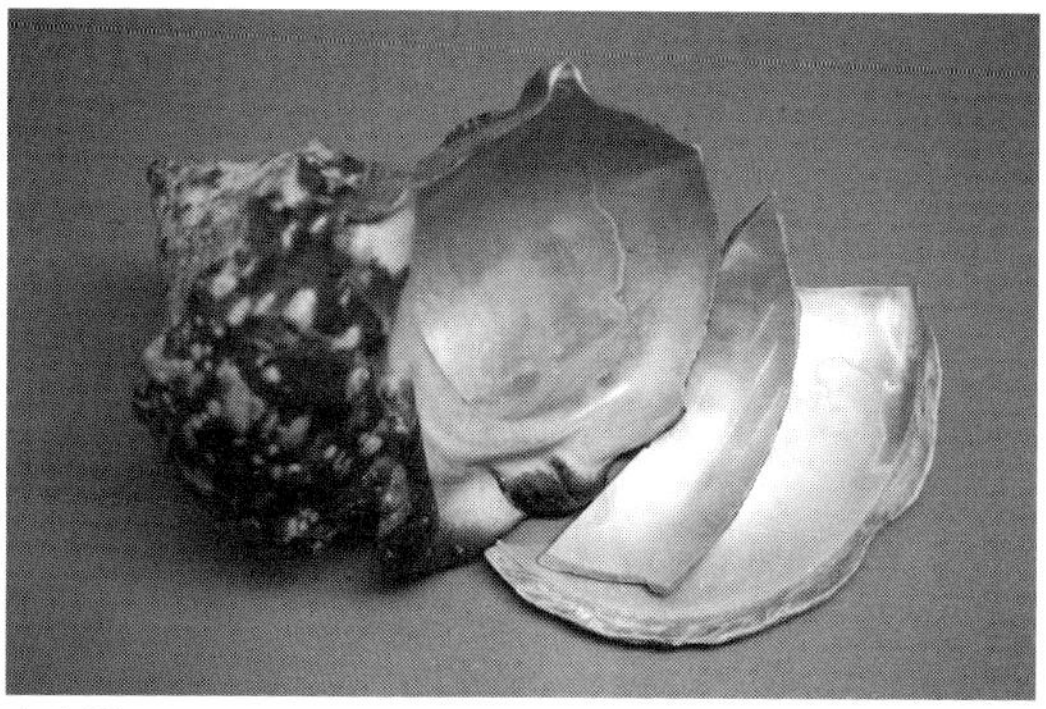
夜光貝

これに比べ薄貝は、0・1㎜程度に削られる。薄貝は、加工方法の違いにより擦貝・剥貝に分けられている。技術者の間では、0・2～0・5㎜くらいの厚さの貝を、中厚貝と称しているが、一般的には厚貝と薄貝の2種である。

厚貝螺鈿が大量に使用されたのは、平安時代から鎌倉時代にかけてであり、先述した寺院堂内以外にも、手箱(身の回りの小道具や化粧品を入れる箱)・大刀拵《たちこしらえ》・鞍などに高度な技術表現をした作品が残されている。

安土桃山時代以降は、一定期間であるが鮑貝の螺鈿が多用される作品が目立ってくる。

以下、螺鈿の代表的技法を紹介してみよう。

・厚貝螺鈿

大きく分けて2種類の技法がある。1つは彫込み法と呼ばれ、塗り上がった表面から貝の厚みと同じ深さまで刃物で彫り込み、そこに貝を象嵌して麦漆などで接着する方法である。

もう1つは、塗り込み法と呼び、文様に切り抜いた貝を木地あるいは下地面に貼りつけ、貝の厚みまで、全面あるいは貝の厚みの際のみに下地をつけ、その後に漆を塗り込む。硬化後、貝の上に被った漆を取り除き、文様を出していく方法である。

この場合、文様を出す方法が2種類ある。日本の螺鈿に多くみられる研炭などを使い研ぎ出す技法と、中国やベトナムで行なわれるように研がずに剝ぎ出す技法で仕上げるやり方である。

中尊寺の金色堂内部の装飾には、厚貝螺鈿が使われている。この場合は巻柱や須弥壇などに宝相華文様を埋め込むために、あらかじめ木地部分を大まかに文様の形に彫り込んでおき、そこに貝を貼ってから麦漆と木粉を練り合わせた刻苧で安定させ、さらに下地を重ねてつけ、平らに研ぎ出した後に沃懸地《いかけじ》(漆を塗り金銀粉を全体あるいは一部に蒔き詰めた地)をつくるという、「大体彫り」と称する特殊な技法が用いられている。

鎌倉時代には、国宝「浮線綾螺鈿蒔絵手箱《ふせんりょうらでんまきえてばこ》」(サントリー美術館所蔵)や国宝「片輪車《かたわぐるま》蒔絵螺鈿手箱」(東京国立博物館所蔵)などのように、沃懸地《いかけじ》と厚貝螺鈿の使用という表現が特色として

国宝「浮線綾螺鈿蒔絵手箱」(サントリー美術館所蔵)

見られる。また鎌倉時代の螺鈿鞍の代表作といわれている国宝「時雨《しぐれ》螺《ら》鈿《でん》鞍《くら》」(永青文庫所蔵)や重要文化財「桜螺鈿鞍」(文化庁所蔵)などは、蒔絵を併用せず厚貝螺鈿のみで表現されている。いずれも鎌倉時代の厚貝螺鈿の美と技の完成度を表現している名品といえる。

・薄貝螺鈿

厚貝をつくる場合は砥石で擦り減らす方法しかないが、薄貝をつくる場合は2種類ある。厚貝をつくる方法と同じ0・1㎜厚以下まで擦り減らす「擦貝《すりがい》」と呼ぶ方法と、貝の真珠層を薄く剥いでつくる「剥貝《へぎがい》」とがある。

擦貝の場合、夜光貝のような丸い形をした貝でも徐々に薄くすることによって、螺旋状になっている殻に沿って長く大きな面積の薄貝を確保することが可能となる。大きな夜光貝からうまく取れば幅3㎝近く、長さ20㎝程の大きさの薄貝をつくることも可能である。

剥貝をつくるには、貝殻を海水に浸しながら三日三晩煮続ける。貝は成長するにあたり貝殻の層を年輪のように外に増やしていく(この層の境を成長線と呼ぶ)。1層の厚みは0・1㎜以下だがその層が100層以上積み重ねられている。長時間煮続けた結果、この真珠層が徐々に剥がれてくる。初めは20層ぐらいの固まりに剥がれ、その後さらに2~5層くらいに分かれてくる。このままひたすら続ければ最後には1層ずつ取り出せるが、細かく割れてしまうので1層ずつ剥ぐのは難しい。したがって3層くらいがついて残った段階で取り出し、あとは薄く砥石で擦り下ろす。このようにしてでき上がった薄貝を剥貝と称している。

擦貝の特色は、大きな面積の薄貝が確保できるが、1つの貝から2、3枚しか取れない。これに対し剥貝は1つの貝から数多くの薄貝が確保できるが、割れやすく大きな面積は確保しづらい。剥貝は中国の薄貝螺鈿に多く用いられており、その影響で琉球螺鈿も剥貝を使用した例が目立つ。

薄貝は半透明に透けて見える程、真珠層が薄くなっている。したがって貝の裏に施される色や材料によって色調が左右されてくる。一般的には黒の漆が下にあるため、青や赤の虹色に輝く。なお螺鈿は別名「青貝」とも呼ばれることがあるが、青貝という名前の貝が存在しているわけではない。琉球の朱螺鈿のように白下地を施した上に貼ると貝は輝きも抑えられ白く見え、白と朱の鮮やかなコントラストが得られる。

また、17~19世紀にかけて、富山県高岡地方に発達した杣田《そまた》細工という細かな薄貝螺鈿技法には、一部金箔の裏彩色が利用されている。薄貝の裏に赤・黄・緑などの染料や錫箔を使用して彩色する裏彩色という技法では、18〜19世紀にかけての輸出漆器の中心となった長崎螺鈿の漆器があり、今でもヨーロッパ各地の美術館で漆芸品のコレクションの中に見ることができる。

●漆絵

透漆《すきうるし》に、各種顔料を練り込んだ色漆を使って描いた加飾法が、漆絵と呼ばれる技法であるが、加飾法の中では最も古い時代から存在している。日本では、縄文時代晩期の土器や木製の器に施されている例が数多くある。中国に於いても、戦国時代の曽侯乙墓《そうこういつぼ》(中国湖北省で発見された戦国時代初期の諸侯の竪穴墓)から出土した漆器類や漆櫃には、見事な文様が描かれている。黒漆塗りに朱塗で描かれた文様や、その逆の色調のものが多く目立つが、黄色や緑色の漆で描かれた絵もあり、表現は多様である。

出土品ではなく、現代まで伝えられてきた作品を伝世品と呼ぶが、日本での伝世品で最も古い時代につくられたものは、法隆寺に伝わる「玉虫厨子《たまむしのずし》」といわれている。この作品は、高さ226・6㎝と大きな黒漆塗りの厨子(2枚扉の開き戸のある物入れ)だが、玉虫の羽が枠縁に貼りつめられていたことから、「玉虫厨子」と呼ばれている。各面に、釈迦の誕生から入滅までの場面が描かれているが、この描法は、漆絵と密陀絵で描き分けられているといわれている。

その他、鎌倉時代に多く見られる漆絵として、型押し技術で表現されたものもあり、一口に漆絵といっても、その技も多様で幅広く普及していたと考えられる。

●密陀絵

密陀絵《みつだえ》の表現方法は、漆絵と似た表現である。前述したように、「玉虫厨子」が漆絵であるか密陀絵であるか、一見しても見分けがつかないほど類似している。それでは、漆絵と密陀絵はどこが違うのかというと、顔料を練り込んでいる材料の違いということになる。漆絵は、名称の通り顔料を漆で練り込み、それを漆塗面に描いて硬化させる。一方の密陀絵は、顔料を油で練り込む。この油は、桐油や荏油のような乾性油に、乾燥剤を混入してボイルすることで早く乾燥させるようにしたものである。乾燥剤は一酸化鉛を使用するが、この別名が密陀僧《みつだそう》と呼ばれることから密陀絵という名称がつけられた。密陀絵は、明治期以後名づけられたといわれている。

なぜ堅く丈夫に固まる漆以外に、油を混ぜて絵を描くこの技術が生まれたのであろうか。それは〝白色〟が目的なのである。色漆の項で述べたように、数種類の天然顔料が使われるが、白色顔料だけはつくれなかった。白色顔料は、鉛白《えんぱく》・胡粉《ごふん》などの日本画画材としての顔料が昔から使われているが、これらの顔料を漆に練り込むと、硬化したときに化学反応を起こし黒くなってしまい、白色漆にならないのである。しかし、技術者達は表現の中でどうしても白色で描きたい場面がある。この思いの実現のため、長い試行錯誤の中から生まれた技なのであろう。油で練り込んでも、後で漆塗面から剝落しないよう、色々な材料を混ぜながら考え出した結果生まれた技だと思われる。

●刀で表現する技法

・沈金

漆を塗って仕上がった表面に、細い刀で彫った溝の中に漆を擦り込み、硬化しないうちに金箔を押し込む、もしくは金泥を擦り込むなどして文様を表す技法である。中国で生み出された技法で、中国では「鎗金《そうきん》」という名称がつけられている。日本には、南北朝時代に伝わったといわれている。鎗金と沈金を比べた場合、明解な技術的違いはあまりみられない。刀で彫って金を埋めるという比較的単純な作業のため、工程的に大きな違いは出るはずもない。したがって、意匠の違いと刀の形や彫り方によって、違いが出る可能性がある。

代表的な作品としては、室町時代の重要文化財「鳳凰沈金手《ほうおうちんきんて》箱《ばこ》」(白山比咩《しらやまひめ》神社所蔵)や「鴛鴦《おしどり》沈金手箱」(東京国立博物館所蔵)などが上げられる。

沈金の彫りは、比較的作品数も少なく、鎗金との技術を比較しながら研究することはかなり難しい。琉球にも沈金技法が伝わるが、１５００年頃まで遡るのが上限だとされている。

現在、沈金が最も盛んに行なわれている産地は、石川県輪島市である。この輪島の沈金の道具は、半丸の棒状の刀を使用している。その他、沖縄をはじめ福島県の会津地方や秋田県湯沢市の川連《かわつら》地方などの沈金では、曲がり刀と呼ばれる、先の曲がった刃物を引くようにして使って彫る。いずれにせよ、完全に和風化された独自の表現方法である。

中国の元代の鎗金経箱《きょうばこ》(経文を入れる箱)の彫跡をみると、基本的には、細い棒状の刀で浅くひっ掻くように彫ったのではないかと思われる。したがって、刻線の抑揚もあまり見られない。それが明時代以降、徐々に抑揚がついた刻線に変化してくる。ここに刃物の形の変化が現れてくるのではないかと考える。そしてまた、棒状の刃物が使用されている段階で、日本に入ってきたものが、後世、輪島型の沈金となり定着したという可能性も考えられるが、定かではない。

琉球の沈金は、明時代以降に伝わった、曲がり刀を用いた系統の沈金なのではないだろうか。これも、あくまでも道具を通した技術的視点からの分析であり、中国には道具資料が確認されていないため、結論は出ない。

近年、私は、琉球沈金の技術復元というテーマをかかえていた。1つは、16世紀にみられる沈金丸櫃に表現されているような、中国の鎗金に近い刀の表現が、どのような技術で復元できるか。もう1つは、18世紀に見られる琉球化された表現は、どのような技術で復元できるか。この2つの表現の違いを明確にした後、初めて中国鎗金と比べる段階にたどり着くのではないかと考えている。

・彫漆

まず、器胎に漆を数十回、あるいは100回を超える回数を塗重ねて、漆だけの厚い層をつくる。黒漆の場合は、肉持ちがないため100回塗重ねても3㎜程度の厚みにしかならない。朱漆などの色漆の場合は、比較的厚く塗れるが、それでも100回塗っても5~6㎜程度の厚みにしかならない。これを刃物によって彫刻し、漆の層が見えるように、意匠をつくり上げる技法が「彫漆《ちょうしつ》」である。

日本では一般には、朱漆だけを塗り重ねて彫る技法を「堆朱《ついしゅ》」と呼び、黒漆のみを塗り重ねて彫る技法を「堆黒《ついこく》」と呼ぶが、中国名では朱漆を塗り重ねた技法を「剔紅《てきこう》」と呼び、黒漆だけを塗り重ねた技法を「剔黒《てきこく》」と称する。中国の彫漆は、元代から明代にかけて最盛期を迎えるが、彫漆は100回前後も漆を塗り重ねなくてはならず、時間と大量の漆を必要とすることから、徐々に技術的変化が生まれるようになった。

宋・元時代の漆は、かなり堅かったようで、刀の切り口も鋭利である。とくに、屈輪彫《ぐりぼり》と呼ばれる文様に特色が見られる。これが明・清と時代が下がるにつれて、彫りが細かく華やかになってくる。

色調も、朱や黒など一種類の色の重ねだけではなく、例えば緑を数十回塗り重ねた後に、朱を数十回塗り重ね、花の文様は朱漆の部分の層だけを彫り、葉の文様は朱の層を全部彫り落として出てきた緑漆の層の部分を彫る。これを日本では「紅花《こうか》緑《りょく》葉《よう》」と呼ぶが、このような表現の変化のほかに、漆材料にも変化が見られる。

・彫木彩漆

彫漆は日本では技法として定着せず、その代わりに取り入れられたのが「彫木彩漆《ちょうもくさいしつ》」である。厚みのある木胎で素地をつくり、それを彫刻して彫漆風に表し、彫り上がった上に朱や黒の漆を塗って仕上げる。現在も続いている鎌倉彫《かまくらぼり》が起こった時期は明らかではないが、鎌倉彫は、彫木彩漆の代表例である。

他に村上堆朱《むらかみついしゅ》、日光彫《にっこうぼり》などがあげられる。円覚寺所蔵の「屈《ぐ》輪文彫木漆塗大香合《りもんちょうもくうるしぬりだいこうごう》」は有名である。

彫漆は現在、香川県高松市を中心に制作されているが、近年は人工のレーキ系顔料が生産されるようになったため、色数が増え色彩的にも鮮やかになっている反面、単色で重ねる剔紅(堆朱)、剔黒(堆黒)の作品はほとんど見られなくなった。

・蒟醤

蒟醤《きんま》は、もともと中国からタイやミャンマーなどの東南アジアに伝わり、盛んに行なわれている技法であり、現在も一部地域で生産され続けている。タイでは、竹で編んだ籃胎の素地に、漆を塗り重ねた上に蒟醤を施している。キンマとは、東南アジアで好まれているコショウ科の食物であり、これを入れる器をキンマークとよんでいたともいわれている。蒟醤が食物から名付けられたのか、その入れ物から名付けられたのかわからないが、この器物が日本に伝わり、付けられた技法が現在の「蒟醤」となって、日本の伝統漆芸の技法の1つとなっていることは、間違いない。

技法的には、漆を何回か塗り重ねた後、文様を刀で彫り込んでいく。この彫溝に、あらかじめ練って用意しておいた異なった種類の色漆を埋める。漆が硬化した後、彫溝からはみ出した漆を研ぎ、平らにすると、彫った線の中だけに色漆が残って文様になる。彫溝が深い場合は、色漆を埋める作業を2、3回に分けて、平らになるまでくり返す。

沈金の場合は、金箔を押しこみ、彫溝は深く残ったままであるが、似た技法ではあるものの、色漆を塗り込み、研ぎ付けるため、蒟醤の方は溝が埋まり、仕上がりは平面上になる。別の色が必要な場合、さらにその上から新たに刀で彫り込み、今度は別の色の漆を埋め込む。そして同様に研ぎつける。

このように何回も彫り・塗り込み・研ぎの工程をくり返すことによって、複雑な色調と文様を表現することが可能になるのが、日本の蒟醤の特色である。

・存星(存清)

「存清《ぞんせい》」とも書き、中国・明代に生まれた技法であるが、名称の由来はあいまいであり、「存星」という名称は、日本でつけられたものと思われる。

漆が塗られた器物に、緑・黄・朱などの色漆で文様を描き、その輪郭や文様細部に線刻を施し、その線刻内に漆を擦り込み、すぐに金箔を押し込んで文様を表す技法である。中国には線刻内に金箔を入れない素彫りのものや、輪郭や文様細部を筆で描き、金の微粉を蒔く「描金《びょうきん》」で表したものもある。

・蒟醤・存星と玉楮象谷

このように技法を解説するとわかるように、これらの技法の基本は刀を使用した表現であり、その技法から派生した加飾技法だということが理解できると思う。

彫漆・蒟醤・存星という漆工技法は、舶来品として入ってきたものの、日本の漆工技術としては定着しづらいところがあった。それを復刻させたのが幕末の技術者玉楮象谷《たまかじぞうこく》(１８０６〜１８６９年)で、これらの技法を讃岐漆器に取り入れ定着させた。したがって前述の彫漆同様に、この2つの技法は、高松の特色ある技法として明治以降も現代まで受け継がれている。

漆のこれまでといま

●無形文化財の保護—形のない「わざ」の維持と継承を支えるもの

これまで、漆の利用と技法について述べてきた。

ウルシの樹液を生かした利用は、縄文時代に始まり、奈良時代以降には大陸から数多くの技法が伝わり、急激に日本国内で発達した。時代を追って表現技術は高度となり、多様な表現が可能になるまでに広がりをみせた。また、安土桃山時代以降は、ヨーロッパ各地にも輸出されて影響を与えるようになり、蒔絵が施された漆工品は、18世紀には「japan」と呼ばれるほどに、日本を象徴する存在ともなった。江戸時代には、表現技法もますます複雑となり、大名の婚礼調度をはじめ富裕な町人層にまで需要も広がり、漆は日本文化に欠くことができなくなった。

明治以降、現在に至るまで、生活スタイルは西洋化し、一般家庭において漆器を用いる機会が少なくなってきた。しかし、数千年を超える日本の漆工文化を支える技術者の、高度なレベルを維持しているのは、1950年に制定された文化財保護法における無形文化財の保護の明記、さらに1954年の改正で生まれた、無形文化財保持者の個人及び団体の認定である。

古典芸能や工芸技術における、形のない「わざ」に着目した、この世界に誇る無形文化財保護制度が、日本の漆工技術の高さを維持し、文化を支えているといっても過言ではない。この制度は、次世代の伝統工芸の後継者育成という観点から生まれて60年を超えるが、経済産業省所管の伝統的工芸品とは異なる体系で、日本の漆文化を高いレベルで支えている。今後も、漆の利用が幅広く継続され、そして漆を通して日本文化の価値を伝えるためにも、この制度は不可欠である。

（室瀬和美）

重要無形文化財保持者（人間国宝）一覧［工芸技術］

2017年（平成29年）9月までに認定された、工芸技術部門（漆芸部門）の重要無形文化財保持者（各個認定と保持団体認定）は以下のとおりとなっている。漆芸部門では、死亡により認定解除された者を含め、21名2団体が認定されている（※印は存命者、無印は故人）。

●漆芸	
蒔絵	高野松山、松田権六、大場松魚、寺井直次、田口善国、※室瀬和美、※中野孝一
彫漆	音丸耕堂
沈金	前大峰、※前史雄
蒟醤（きんま）	磯井如真、※磯井正美、※太田儔（ひとし）、※山下義人
髹漆（きゅうしつ）	赤地友哉、増村益城（ましき）、塩多慶四郎、※大西勲、※小森邦衞、※増村紀一郎
螺鈿	※北村昭斎
●工芸技術（漆芸）分野における「保持団体認定」	
輪島塗	「輪島塗技術保存会」
津軽塗	「津軽塗技術保存会」

漆工にかかわる刷毛と筆

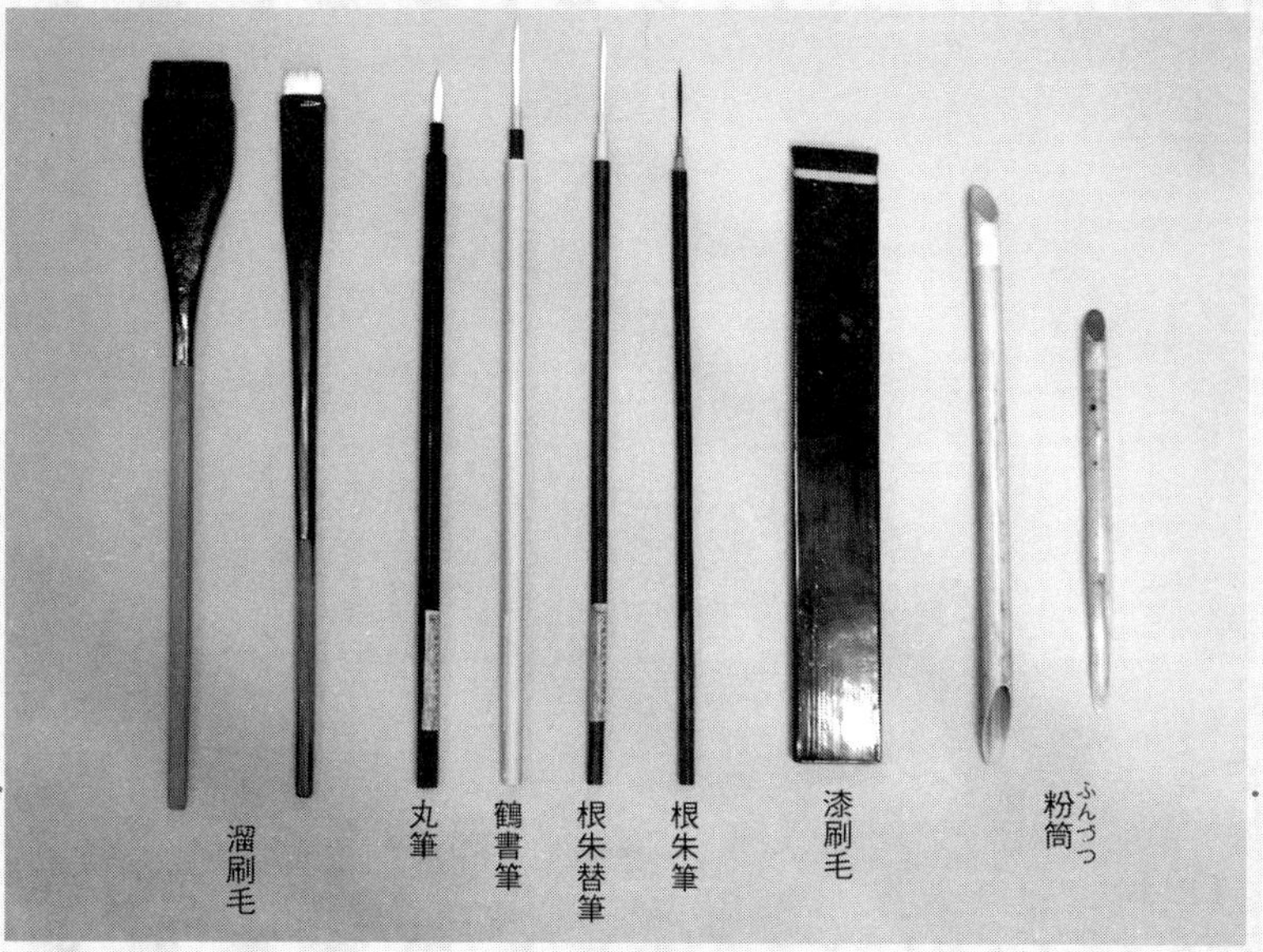

蒔絵にかかわる道具類
漆と筆、刷毛に加えて粉筒という道具が揃ってはじめて、金銀による装飾技法は蒔絵として成立する。右から粉筒2種、漆刷毛、根朱筆、根朱替筆、鶴書筆、丸筆、溜刷毛2種

・漆刷毛

漆塗り作業にどうしても欠かせないのが「刷毛」と「箆《へら》」である。その中でもとくに「漆刷毛」は大事な用具の1つである。当然、縄文時代から使われていたはずだが、現在出土遺物として残されている刷毛で、最も古い物は奈良時代といわれている。

漆刷毛は、かつては動物の毛が使用されていたと考えられるが、江戸時代初めの明暦2（1656）年以来、初代泉清吉《せいきち》が、細く柔らかいながらも腰が強いと人毛を漆刷毛の材料として使うようになった。

それ以後、漆刷毛は人毛によりつくられることとなったと伝えられている。また、鉛筆のように、毛先を細くして使い、堅くなってしまった刷毛を、新たに削りだして使うようにつくったのも、泉清吉の発案によるものという。現在でも、9代目泉清吉が貴重な刷毛をつくり続けている。

漆刷毛には「赤毛」と書いてあるが、これは元々黒い髪の毛を、時間をかけて油分を抜くことによって赤くなったことを指しており、初めから赤い毛という意味ではない。

先代の話によると、漆刷毛にする毛は女性の毛髪が適しており、しかも日本人で30代の女性の髪が最適とのことだった。その理由は、東南アジア系の人の髪は、細く油分が強く腰がなく、西洋人の髪は断面が扁平でウェーブがかかっていて適さないのだという。日本人の髪は、黒く直毛で腰が強く油分が少ないという話であった。

しかし、最近は食糧事情も変わっており、一概にはいえないのかもしれない。とくに近年パーマや脱色が多く、使える髪が少ない。また、白髪も適さないとのことである。

・蒔絵筆

蒔絵道具には、一般的にはまったく使われることのない道具が多く含まれている。

「蒔絵筆」は書道や絵画の筆とはつくりも材料も異なっている。それは漆という塗料がただでさえ粘性が強く、しかも細い線を引くために、より粘性を強くして使用するからである。蒔絵筆の中でも、とくに細く長い線を引く場合は、腰の強い毛が必要となる。

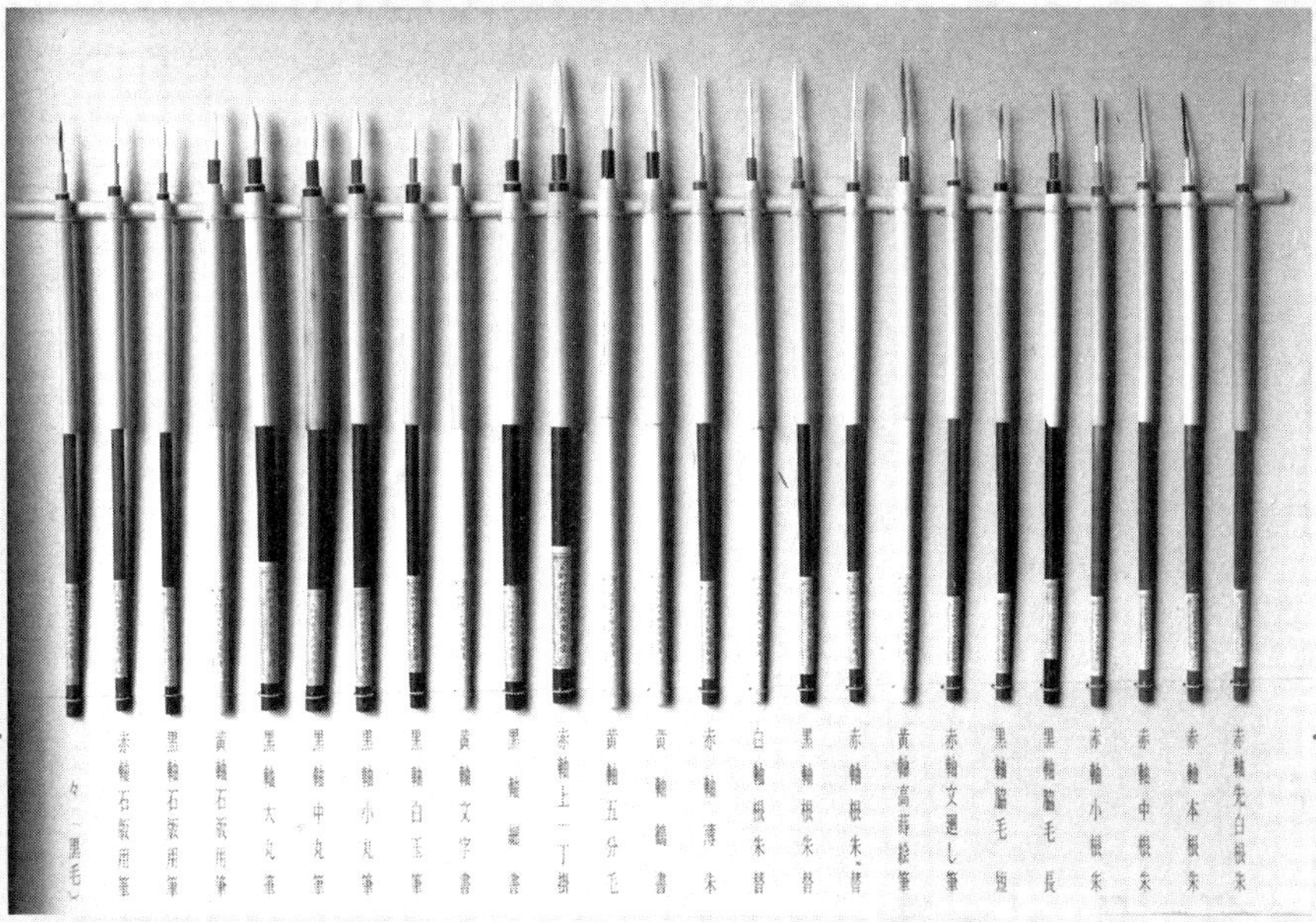

各種の蒔絵筆　（協力：村田九郎兵衛）
右から根朱筆4種、脇毛筆2種、文廻し筆、高蒔絵筆、根朱替筆3種、薄朱筆、鶴書筆、五分毛筆、上一丁掛筆、細書筆、文字書筆、白玉筆、丸筆3種（小・中・大）、石版用筆4種（黄軸・黒軸・赤軸・赤軸黒毛）

絵画の場合、最も細い線を引くときに用いる筆に面相筆《めんそうふで》があるが、この筆の毛はイタチである。蒔絵の場合は、描いた線の周りに蒔絵粉が蒔かれるために、描いた線の外側まで付着し、より太くなる。したがって最終的な線よりももっと細く描かねばならない。結果的により小さな動物で腰の強い毛が必要となるのだが、それがクマネズミの毛である。しかし近年では、材料となるクマネズミの毛が入手できなくなったため、難しい局面に入っている。私たち蒔絵をする技術者は、現在持っている筆がなくなると、もう手に入れる方法はなくなってしまう。10年ほど前まで、鼠の背中の毛でつくられた根朱筆は1本4万円近くしていた高価なものだったが、今となってはお金をいくら出しても手に入らなくなってしまった。

蒔絵筆は、軸の先が中軸・小軸と二重構造になっており、細い筆の穂先の長さを自由に調節できる構造になっている。漆は粘度が高いため、ゆっくり置くように線を引かなくては、線がかすれてしまう。線を引きやすく漆を柔らかくすれば、線は広がり太くなる。したがって線をより細く、より高く引く目的を満たすために、蒔絵筆づくりは、複雑な構造と繊細な毛の選択が要求される。蒔絵筆のおもな種類は以下の通りである。

【根朱筆《ねじふで》】

細い線を引くためにつくられた筆で、最も長く強いクマネズミの背中の毛が本根朱筆とよばれ、穂先は2・5㎝ほどある。同じ背中の毛でも場所により長さが短い筆もあり、それぞれ中根朱筆、小根朱筆と呼ぶ。また同じクマネズミの脇毛を使用してつくられた、先白と呼ぶ筆がある。脇毛は透明な毛先部分が他の毛先に比べ倍ほどある。この筆は細く短いが毛先が柔らかいので、同じ細い線でも根朱筆の直線に比べ、曲線を引くのに適している。

【根朱替筆《ねじがわりふで》】

細い線を引くための筆であるが、入手が困難なクマネズミの毛を用いた「根朱筆」に代わり、白の玉毛（猫）を用いたのが根朱替筆である。筆のつくりは根朱筆とまったく同じであるが、毛の腰が強いクマネズミに対し、玉毛は腰が弱いため、毛の本数が多い。

【鶴書筆《つるがきふで》】

蔓描筆とも書く。根朱替筆より太く、穂先が長いため、自由な曲線を描くことができる筆である。長さを調節したり、漆の含みを変えたりすることにより、抑揚のある表情を出すことができる。穂の短い五分毛というのもあり、狭い面積の地塗りも広い面積の輪郭をとることも可能という、幅広い使い方のできる筆である。

【丸筆】

地塗筆ともいう。根朱筆や鶴書筆で文様の輪郭を描いた後、その内部を斑なく薄く塗ることができる筆で、面積により大・中・小と穂の大きさによる種類がある。その他、白玉筆や石版用といわれる穂先の短い筆や片切筆など、用途に応じて筆の種類は多様である。

【溜刷毛《だみばけ》】

地塗刷毛ともいい、地塗筆より広い面積を塗る場合に用いる。平塵・沃懸地など全面に粉蒔きする場合は、さらに幅の広い溜刷毛が必要となる。刷毛の幅は2分（約6㎜）から1寸2分（約36㎜）まで蒔絵の地塗り面積に応じて使い分けるが、刷毛の幅は注文で自由につくれる。毛は鼬毛《イタチ》か玉毛（猫）となる。

（室瀬和美）

松田権六*著『うるしの話』と私

私がこの道に入った時、最初に読んだ本が『うるしの話』（岩波新書、1964年）である。何回かの再版があったが、私の持っている本は初版で、数十回は読み、旅先にも必ず持って行った。このためボロボロになってしまっている。しかし、今でも私はこの本を手放さず持ち歩いている。この本からは、技術者というより氏の漆に対する愛情や人生の価値観が伝わってくるからである。三日三晩話続けたといわれる氏の〝漆芸観〟がつまっているのだから当然かも知れない。（室瀬和美著『漆の文化』角川選書、2002年）

＊松田権六：1896（明治29）年生まれ。大正・昭和時代を通して活躍した近代日本漆芸を代表する作家、指導者。1955年に第1回重要無形文化財保持者の認定（蒔絵）を受けた。1988年没、享年94。

4章

代表的な漆器産地とその技術

各産地の歴史と特色

●各地域への漆工の広がり

日本の漆工の歴史において、それを彩る高度な生産活動は、奈良時代は奈良を、さらに平安時代以降は都が移された京都を中心として、朝廷や武家・寺社などの要求に応じて発展を続けてきた。室町時代になると将軍家などの御用を務める幸阿弥家などの、蒔絵を主にした漆工に専従する家が登場する。

近世に入っても京都を中心に漆工品が制作されていたが、徳川家康により幕府が江戸に開かれると、やがてそれにしたがって幸阿弥家も移り住むようになり、東国の江戸も新たな漆工文化の中心地として花開く。あるいは、加賀藩の前田家による工芸技術保護政策が、金沢における漆工文化の発展を生んだように、各藩も武具や調度品制作を奨励することにより、産業としての漆工生産が地方で始まるのである。

東北には津軽塗、会津漆器、北陸は輪島塗、山中塗、若狭塗、中部は長野の木曾漆器、岐阜の飛騨春慶、近畿は京漆器や和歌山の海南漆器、西日本は島根の八雲塗、山口の大内塗、四国は香川の讃岐漆器、九州は久留米の籃胎漆器、長崎の青貝螺鈿など、それぞれの地域で採れる素材や他の産業と結びつきながら、個性豊かな産地を形成するようになった。

しかし、現在では名称は残るものの、すでに生産されなくなった産地も多く残念である。その中には希なケースではあるが、いったん消滅したものの復興した産地もある。

ここではまず北から南まで各地方の産地の概略を紹介し、その後に、現在でも大きな産地を形成する5か所を取り上げ、詳しく述べることとする。

●東北地方

【青森県】弘前市で生産される津軽塗が最も有名である。津軽塗については、後に詳しく触れるが、粟を蒔く七子《ななこ》塗や彩漆に卵白を混ぜて粘性を強くした絞漆《しぼうるし》を用いる錦塗など、変塗による独特の表現が展開される。

【岩手県】二戸市は、実用漆器の浄法寺《じょうぼうじ》椀をはじめ、正法寺《しょうぼうじ》椀や秀衡椀などで知られた。これらの椀類は一時途絶えていたが、大正時代に盛岡市で秀衡塗と称して復活を遂げる。また40年程前から、浄法寺町においても浄法寺塗が復活し、ブナ材、トチ材などを用いた日常漆器が生産されている。

【秋田県】最も盛んなのは湯沢市の川連《かわつら》漆器である。椀類、飯器、菓子器等の挽物が多く、膳や重箱などの板物も含め、日常漆器の生産地として有名な産地である。加飾は曲がり刀を用いた沈金が主流であるが、蒔絵も行なう。蒔絵は消粉蒔絵から研出蒔絵まで、幅が広い。挽物はブナ材、板物はホウ材が多い。他にも大館市の秋田杉を用いた曲ワッパ、能代市の春慶などがあるが、残念ながら能代春慶は、30年程前に最後の職人が辞め、途絶えてしまった。

【宮城県】仙台市では、漆産業を伊達家が支え、社寺の漆塗りや漆器も多く生産されていたが、現在はほとんど産地としての姿は失われている。鳴子漆器が一時盛んに生産されていたが、今では数も少なくなった。

【山形県】山形市を中心に江戸時代には刀の鞘などの武具を生産していた。さらに鶴岡市や酒田市なども武具をつくり、近代以降、紫檀塗や竹塗などで一時は有名となった。しかし現在は衰退し、山形市の仏壇仏具の産業に取って代わっている。

【福島県】会津若松市が一大漆器産地である。会津漆器は室町時代を起源とするともいわれ、現在でも有名な産地である。会津漆器については後で詳しく触れる。

●北陸地方

【新潟県】新潟市を中心に村上市、長岡市、柏崎市、上越市と多くの生産拠点を持っていたが、現在はほとんど残っておらず、唯一、村上市において、彫木彩漆の村上堆朱《ついしゅ》と称する漆器の生産を続けている。素地はホウ材を用い、板物を主として木彫を施し、その上に下地・漆塗を行ない、朱漆を上塗りし、堆朱に似た表現を特徴としている。

【富山県】高岡市に伝わる中国や琉球風の杣田《そまた》と呼ばれる青貝細工や箔絵などが多く生産されているほか、錆絵に色漆で着色したいわゆる勇助塗が有名であり、高岡漆器と称している。また旧城端町(南砺市)に伝わる白色の密陀絵を用いた表現による城端蒔絵が有名であるが、現在は一家が一子相伝で技法を伝えているのみである。

【石川県】日本の漆器産地を代表する輪島が有名である。輪島塗については後に詳細に触れる。挽物を中心とした木地生産で有名な旧山中町(加賀市)も重要で、町には塗師も多く、日常漆器や茶道具などを生産しており、山中漆器として全国に知られる。また加賀蒔絵として有名な金沢漆器は、藩主・前田利常が、蒔絵師の五十嵐道甫を京都から呼び、その後も五十嵐派を称し江戸期の加賀蒔絵を支えてきた。近代以降は衰退したものの、茶道具や個人作家活動を主とした生産活動は現在も続いている。

【福井県】古来、若狭塗が有名である。卵殻、金銀箔等を用いた変塗を中心に発達し、現在でも若狭塗の変塗の箸は有名である。越前漆器あるいは河和田漆器と称した現在の鯖江市の漆器は、トチやミズメサクラを使用した日常漆器などを生産。蒔絵は平蒔絵、沈金なども輪島により伝えられ、輪島に比べ安価なことから需要を伸ばしている。

●関東地方

【茨城県】古くから粟野春慶あるいは水戸春慶として有名であり、能代春慶の元になっているとも言われていたが、現在後継者は途絶えてしまっている。粟野春慶は上塗漆に梅の煮汁を加えるのが特徴であった。

【栃木県】日光彫と称する、木彫を施した上に朱漆を塗り、さらにその上に透漆を上塗して磨く漆器を特徴としている。またカエデの葉に色漆をつけ、中塗面に押し、転写して上に透漆を塗り、さらに研いで仕上げるという紅葉塗も、細々とではあるが残っている。

【東京都】江戸時代に幕府が開かれて以来、京都から幸阿弥家をはじめ、優秀な漆工技術者を江戸に呼び、将軍家の婚礼調度や数多くの調度品類を制作させた。さらに諸国大名の江戸屋敷の調度品類の発注が増え、それらに携わる高度な技術が江戸の蒔絵として発展し、寛永・元禄時代には黄金期を迎えるようになった。しかし幕藩体制が崩壊した明治以降は需要もなくなり、多くの工房は失われた。東京美術学校（現・東京芸術大学）創設後は、個人作家が芸術性の高い漆工制作の展覧会発表を行なう形として、現在に至っている。

【神奈川県】幕末以降、横浜を中心に芝山細工など輸出を中心とした漆工産業が生まれたが、長くは続かなかった。小田原の挽物を中心とした漆器も一時は輸出用に多く生産されたが、現在は工房数も少ない。鎌倉では、彫木彩漆、いわゆる鎌倉彫の知名度は高い。趣味の稽古として広がっていたが、産業としての生産額は多くない。

●中部東海地方

【長野県】北より木曾平沢・奈良井・木曾福島など、木曽谷地域に漆器産業が広がった。

木曾平沢は膳や重箱などの板物、奈良井は曲物、木曾福島は春慶塗を特色とする。木地は地元産の木曾ヒノキが多く用いられている。現在では、奈良井は曲物木地生産のみで、木曾平沢が漆器産地として続いている。

【岐阜県】高山市の飛騨春慶が有名である。飛騨春慶についても後に詳細に触れる。

【静岡県】江戸期に徳川家光が浅間神社を造営する際に全国から漆工技術者を集め、社殿の髹漆に携わらせたのをきっかけに、その後も当地域に残り、漆器産業につき、全国屈指の産地に成長した。明治時代以後は輸出を中心とする価格の安い漆器生産に傾いたことが原因で信頼を失い、ほとんど消滅するという道をたどったが、大正時代に安倍川の砂を下地に用いた金剛石目塗を生み出し、一家のみが継いでいる。

【愛知県】尾張徳川家に召し抱えられた漆工技術者も多く、とくに寛政年間に京都の蒔絵師五代山本春正《しゅんしょう》が名古屋に移り住み、いわゆる春正蒔絵《しゅんしょうまきえ》として名が高い。しかし現在では、漆器産地としては残っていない。

【三重県】宇治山田市に室町時代頃からといわれる春慶塗が伝わる。伊勢神宮では平安時代以来、20年ごとに遷宮が行なわれている。その際、神宮造営の工匠が下賜されたヒノキを加工し、その材を見せて塗るために春慶塗としたといわれている。また桑名盆は蕪の絵を描いた盆で有名となった。現在はどちらも産業として成り立つほど多くはない。

●近畿地方

【京都府】平安時代より、日本の漆工史の中心に存在する地域である。現在では京漆器として伝統的工芸品の指定を受けた蒔絵が施された漆器や、千家を代表とする茶道文化を支える茶道具生産を中心としている。

【滋賀県】彦根市における仏壇産業が有名であるが、これは天明年間に京都から伝えられたといわれている。

【奈良県】東大寺、春日大社をはじめとする社寺に残された国宝、重要文化財が数多く残されている地域である。古い社寺では漆器を多く使用するため、それらの製作や修理などの需要があり、髹漆や螺鈿などの技術が現代に続いている。産業としての奈良漆器は、螺鈿を中心に生産されている。また吉野絵椀で有名な吉野漆器は、黒漆に朱漆で文様を描く趣の風情が人気だったが、現在はわずかに生産されている。

【和歌山県】海南市を中心に一大産地を形成し、極めて簡易な塗りによる安価な漆器を生産していた。現在では紀州漆器として生産が続いている。

●中国地方

【岡山県】近年、真庭市において小規模ではあるが、日常漆器を中心として、郷原《ごうばら》漆器復活の動きが出ている。

【広島県】江戸時代に尾張から移った金城一国斉が代々続き、高盛絵《たかもりえ》といわれる技法を現在に伝えている。廿日市市宮島町では、挽物に拭漆を施した漆器、三次市では木工中心に拭漆を施した漆器が生産されているが、どちらも現在では木工技術者が少人数残る。

【島根県】松江市に伝わる八雲塗が有名である。錫粉、色漆などで文様を描き、透漆を塗り込めた後にすべての文様を研ぎ出しきらず、趣を残して仕上げるところに特色を持つ。現在でも細々と伝えられている。

【山口県】大内氏が栄華を誇る時代に案出されたとされる大内塗が、現在もわずかであるが続いている。大内朱の地に大内菱を図案化した箔による意匠を特色とする。

●四国地方

【香川県】高松市に伝わる讃岐漆器が有名である。特色である蒟醤・存星・彫漆等の技法は、寛政年間に玉楮象谷より伝えられている。これら関しては後で詳細に触れる。

【徳島県】つるぎ町は半田漆器と呼ばれた椀類の大産地であったが、近代以降、衰退した。

【愛媛県】今治市の桜井漆器が、とくに明治・大正・昭和初期に隆盛したが、現在は衰退している。

【高知県】高知市で土佐古代塗と称する漆器が生産されていたが、現在わずかに残されている。

●九州地方

【福岡県】久留米市で生産されている籃胎漆器が有名である。地元で産出される竹を薄く割り、編み込んで器を成形した上に、下地を編み目の間隙に擦り込む程度に充填し、黒漆を下塗り、次に朱漆を中塗り、そして透漆を上塗りする。それを研ぐことによって竹の編み目が文様として研ぎ出てくる。

【長崎県】長崎市にて青貝細工が生産され、幕末から明治期にかけて多くの職人が集まり、青貝螺鈿を全面に施した箱や棚の類が大量にヨーロッパ、アメリカに向け輸出された。しかし、それ以後は衰退し、現在は絶えている。

【熊本県】曲物漆器がわずかに生産されていた。明治期に従弟学校を設立し、漆工科を置いたことから、漆器生産に携わる人材が育った。産地としては発展しなかったが、重要無形文化財保持者の高野松山、増村益城の2名を輩出した地である。

【沖縄県】首里王府時代には貝摺奉行所を設け、国家単位で漆器生産を行なっていた。首里を中心して那覇市では薄貝螺鈿、沈金、堆錦など、技法を用い大量に生産していた。作風は中国の影響が強いが、朱漆螺鈿、朱漆沈金などは琉球の特徴をよく表わしている。近代以降は琉球王府消滅に伴い、国家単位の生産から民間の生産に移ると徐々に衰退し、とくに戦後は螺鈿、堆錦、沈金が土産品として残る程度となっている。そのような中で、近年は琉球王府時代の技法を復興させる動きが起こり始めている。

その他、大分県、佐賀県、宮崎県、鹿児島県においても若干の漆器は生産されていたが、ほとんど残るものはないといってもよい。

以上、日本中に広がる漆器産地の概略を述べた。これら漆器産地の多くは江戸時代から明治時代にかけて隆盛を極めたものの、現在まで同じような形態で残った産地はごく少数である。

（室瀬和美）

輪島地方（石川県）

●歴史

石川県輪島市は、木製漆器の生産では日本最大の産地であり、輪島塗は堅牢で美しい漆器として名高い。

輪島塗の起源は明確ではないが、市内の平安時代の遺跡の出土品から当時すでに漆器がつくられていたことが知られる。輪島塗を、その最大の特徴である「輪島地の粉（地元産の珪藻土を蒸し焼きして砕いた粉末）」を漆下地に用いた漆器に限定して定義すれば、輪島と同じ大屋《おおやの》荘《しょう》（輪島市から穴水町にかけての地域）に属する穴水町内で珪藻土下地の椀が出土し、塗師の名が記された１４７６（文明８）年の棟札や、１５２４（大永４）年造立の重蔵宮《じゅうぞうのみや》奥の院の朱塗扉が市内の重蔵神社に現存することなどから、室町時代には初期の輪島塗が生産されていたものとみられる。

江戸時代、輪島の塗師屋《ぬしや》たちは、海運の利を生かし、各地へ行商に出かけてほぼ全国に販路を広げ、19世紀前半（文化・文政年間）には「椀講」と呼ばれる年賦販売方式で顧客を増やした。多品種少数型の注文生産とその量の増加に対応して分業化が進み、19世紀半ば頃には塗師、椀木地（挽物）、曲物、指物、沈金、蒔絵が「輪島六職《ろくしょく》」と呼ばれるようになり、現在は、これらに朴木地《ほおきじ》（刳物）と呂色《ろいろ》を加えた八職に分類される。

江戸時代の輪島塗製品の大半は、無地の朱塗や黒塗の膳椀のセットで、華麗な装飾が施されるようになるのは、18世紀に沈《ちん》金《きん》が始められてからである。

沈金は、文様を彫った彫溝に、漆を摺り込んで金箔や金粉を入れる技法で、輪島塗の代表的な装飾技法となった。金粉を蒔き付ける蒔絵も、19世紀初め頃に導入され、１８７１（明治４）年の廃藩置県で他藩の禄を失い、輪島へ移住してきた

輪島塗作品「四季草花蒔絵沈金棚」（輪島塗技術保存会・作、2003年度）
奥行56.0×幅186.0×高さ127.7 cm。輪島塗技術保存会が、10年をかけて取り組んだ共同製作作品。木地、下地、漆塗り、呂色、蒔絵、沈金の各工程に輪島塗の最高のわざが注ぎ込まれた大作である。（写真提供：輪島塗技術保存会）

輪島塗作品「菊花文沈金棗」（輪島塗技術保存会・作、2016年度）
径7.4×高さ8.2cm。蓋から身にかけて連続する菊花文の沈金で飾った棗。点彫りを多用し、やわらかい表現となっている。（写真提供：輪島塗技術保存会）

蒔絵師たちが精緻な技術を伝えた。その後、輪島は「堅牢を主とし、料飲店・旅館むきの日用飲食器を生産して他の追従を許さ」ない漆器の産地として、戦後の高度経済成長期に生産規模を飛躍的に拡大させた。

そして、１９７５(昭和50)年５月、輪島塗は通商産業大臣(現・経済産業大臣)により伝統的工芸品の指定を受けている。

●重要無形文化財「輪島塗」

１９７７(昭和52)年、「輪島塗」は、文部大臣(現・文部科学大臣)により重要無形文化財に指定された。指定の対象は技術であり、技術内容を示す「指定の要件」が指定と同時に定められる。輪島塗の指定の要件となったのは、当時の「職人や漆器関係者がいだく、理想的な輪島塗の規範」であり、その内容は以下のとおりとなる。なお、漆下地・漆塗については、張間喜一・古今伸一郎『輪島漆器』(１９８０年)島口慶一『輪島塗―堅牢さの秘密を解く―』(１９９７年)を参考にした。

【木地】

重要無形文化財「輪島塗」の指定の要件を、表1に示す。

要件の一は、木榛《きじ》についてである。木地製作技法は、分業の職種と同じ4種に分類され、技法によって、用いる樹種も異なる。1の椀榛地(木地)は、ケヤキ材を木工轆轤《ろくろ》で挽き、椀類や盆などの丸いものをつくる技法のことで、木取り(製材)は、古来の横挽き(p50の図参照)である。2の指物榛地は、アテ(材針葉樹のヒノキアスナロのこと。アスナロの変種で、青森ヒバも同一種)の板を組み合わせ、四角い箱などをつくる技法である。3の曲物榛地は、アテ材の薄板を環状に曲げ、円筒形や角丸の器をつくる技法。4にある朴榛地は、ホオノキ材を手作業で彫刻し、湾曲した脚部などをつくる技法で、刳物《くりもの》である。

表1 重要無形文化財「輪島塗」の指定の要件

一	**榛地《きじ》は、次のいずれかによること**
	1 椀榛地《きじ》は、地元産の欅《けやき》材であること
	2 指物榛地は、地元産の檔材であること
	3 曲物榛地は、地元産の檔材であること
	4 朴《ほお》榛地は、朴材であること
二	**伝統的な製法と製作用具によること**
	1 挽物は、横挽きであること
	2 接着部には刻苧《こくそ》づめを施すこと
	3 布着せには麻布を用いること
	4 下地には地元特産の地の粉を用い、篦付けで一《いっ》辺地《ぺんじ》、二辺地、三辺地を行い、各下地塗りごとに地縁引《じぶちび》きを施すこと
	5 中塗り、小中塗り、上塗りを施すこと
三	**天然の漆液を使用すること**
四	**加飾をする場合は、伝統的な沈金または蒔絵技法等によること**
五	**伝統的な輪島塗の作調、品格等の特質を保持すること**

【下地・塗り】

要件の二には、漆下地及び漆塗りを中心とする製作技法が示される。前述の通り、椀木地は横挽きである。2の刻苧《こくそ》づめとは、板の接合部を強化するため、接合部を両側から彫り、生《き》漆《うるし》、米糊、木粉を混ぜた刻苧で埋めることをいう。3の布着せは、木地を堅牢にし、木目痩せを防ぐため、麻布を糊漆で貼ることである。その後、炭化させた木粉と生漆、米糊を混ぜた惣身漆《そうみうるし》を付ける。4は輪島地の粉を用いた地付けについてである。輪島地の粉、生漆、米糊を混ぜた漆下地をアテ材の箆《へら》で付ける。粒子の粗い地の粉から細かいものへと、一辺地《いっぺんじ》、二辺地、三辺地の順に重ねる。地縁引《じぶちび》きとは、堅牢度を高めるため、桧皮箆《ひかわべら》(アテやヒノキの樹皮を叩きほぐして刷毛状にしたもの)で、生漆を口縁などに塗るもので、輪島塗特有の工程である。

5の漆塗りでは、中塗り、小中塗り、上塗りの順に塗り重ねる。塗りと塗りの間には必ず炭研ぎを行なう。上塗までで完成させることを塗立(花塗仕上げ)という。

【加飾】

要件の四では、呂色・沈金・蒔絵などの加飾について触れている。輪島塗は、古来、塗立が主であったが、現在は蒔絵や沈金で加飾(装飾)した華やかな作品も多い。文様を付けて装飾する場合は、技法によって異なるが、呂色専門の技術者によって磨き上げられた後、蒔絵師や沈金師の手で装飾が施される。

【輪島塗技術保存会】

重要無形文化財「輪島塗」の保持団体として認定されたのは、輪島塗技術保存会である。同会は、伝統的技法に基づく製作に30年以上従事し、特別優秀な技術を有する技術者を中心に構成されており、輪島を代表する名人の集団である。会の目的は、輪島塗技術の保存と向上を図ることであり、最高の技術を将来の輪島塗を担う若手に伝える伝承者養成事業が主要な活動である。

輪島塗の工程「漆下地」
輪島地の粉、生漆、米糊を混ぜ合わせ、アテ材のヘラで地付けする。桧の皮のヘラで上縁の部分に生漆を塗布する「地縁引き」は、輪島独特の工程である(写真:輪島塗技術保存会)

輪島塗の工程 「漆塗り」
四方盆の上塗りをする輪島塗技術保存会会員の中田文夫さん。濾紙で夾雑物を濾し取った漆を漆刷毛で塗る。塗りを終えると、作業中に表面に付いた「ちり」を細い棒状の道具(節あげ棒)で一つ一つ取り去り、漆風呂に収めて乾燥させる(写真:輪島塗技術保存会)

●漆芸作家の活躍

輪島は、1929(昭和4)年の帝展に初入選した、沈金の前大峰《まえたいほう》(1890~1977年)、蒔絵の竹園自耕《たけそのじこう》(1892~1967年)を先駆けとして、個性的、美術的な創作活動を行なう漆芸作家を数多く輩出してきた。

1955(昭和30)年、重要無形文化財「沈金」の保持者に認定され、後に輪島塗技術保存会の会長も務めた前大峰をはじめとする重要無形文化財の保持者たちや、日本芸術院会員、文化功労者となった三谷吾一《みたにごいち》(1919〜2017年)などの活躍は、漆器産業を支え牽引する、大きな役割を果たしている。

(近藤都代子)

津軽地方(青森県)

●歴史

【鞘塗に多用された変り塗としての津軽塗】

弘前市を中心とする津軽地方の漆芸は、唐塗《からぬり》、ななこ塗、紋紗塗《もんしゃぬり》などの「変り塗」を特色とし、津軽塗と総称される。変り塗とは、さまざまな材料や手法を駆使した装飾的な漆塗で、江戸時代、刀の鞘《さや》の漆塗に多用されたため鞘塗とも呼ばれ、各藩で鞘塗師たちが工夫を凝らした。1876(明治9)年の廃刀令以降、各地の鞘塗は衰退したが、津軽には多くの変り塗技法が残った。

【弘前藩時代】

弘前藩では、17世紀後半、漆産業の振興に力を入れた4代藩主津軽信政(1646〜1710年)が山城、江戸、若狭などから招聘した塗師や蒔絵師のほか、江戸の青海《せいかい》太郎左衛門に師事して青海波《せいかいは》塗《ぬり》を伝授された池田源太郎(後に、青海源兵衛を代々名乗る)などの藩お抱えの塗師たちが技術を発達させ、18世紀前半までに「唐塗」「貫にう(貫入《かんにゅう》)塗」「霜ふり塗」などの多様な変り塗が行なわれるようになった。

1711(正徳元)年、藩が倹約を命じ蒔絵の器物の使用を禁じたことも、装飾性の高い漆塗が追求された理由の1つと考えられる。これらの技術でつくられた煙草入れや煙草盆、文台、硯箱などは藩主の御用品、幕府や大名への贈答品で、特権階級のための高級品であった。なお、弘前藩庁日記の記述から、当時は弘前塗、津軽弘前塗とも呼ばれたことが知られる。

【明治以降】

津軽塗の作品　八角五段重箱「お祝い」(津軽塗技術保存会・作、2013〜15年)
木地はヒバ材、下地は堅下地、漆塗は変り塗49種。「津軽漆塗手板」514枚の調査研究成果の1つとして、手板にみられる49の変り塗技法で、各面を作った。蓋表は青海波文に月を配した文様。津軽塗の豊富な技法、文様を見ることができる(写真:弘前市教育委員会)

1871(明治4)年の廃藩置県により、津軽の漆器生産は藩の庇護を失うが、旧士族によって早くに再開され、1880(明治13)年以降、会社組織での製造、販売が行なわれて産業として復興し、明治30年代以降は大衆向けの製品もつくられるようになり、生産規模が増大した。

江戸時代後期から明治時代にかけての津軽塗に、多彩で多様な技法、表現があったことを示す貴重な資料がある。津軽家から市に寄贈された514枚の変り塗の手板(漆塗りの見本板)がそれで、弘前市博物館に収蔵されている(県重宝「津軽漆塗手板」)。

第2次世界大戦後の高度経済成長期を経て、1975(昭和50)年5月、津軽塗は伝統的工芸品産業の振興に関する法律に基づき、当時の通商産業大臣より伝統的工芸品に指定された。

指定の対象となった技法は、唐塗、ななこ塗、錦塗、紋紗塗の4種類で、いずれも研ぎ出し変り塗である。指定以後、伝統産業としての津軽塗の振興を目的として、後継者の育成、展示会の開催、製品開発に力が注がれ、若手の工人たちを中心に、デザイナーとの連携、海外出展などが活発に行なわれている。

また、2001(平成13)年、伝統的な津軽塗の高い技術を持つ者を中心に、津軽塗技術保存会が設立され、弘前市教育委員会とともに「津軽漆塗手板」の調査研究を進め、調査当時にはほとんど行なわれていない技法の再現、伝承者の養成などの事業を実施してきた。

そして、津軽塗の技術は、2015年の弘前市指定、2016年の青森県指定を経て、2017年10月2日付で文部科学大臣により国の重要無形文化財に指定され、津軽塗技術保存会がその保持団体として認定された。漆芸分野では、保持団体認定を伴う重要無形文化財の指定は1977(昭和52)年の輪島塗以来40年ぶりのことで、津軽塗は最も新しい重要無形文化財となった。

●技法

【木地】

木地の工程と、下地・漆塗り・仕上げの「塗り」と総称される2つの工程は分業である。古来、指物には針葉樹の青森ヒバ、挽物には広葉樹のトチ(栃)、ホオ(朴)、カツラ(桂)など地元産の木材が用いられてきた。

【堅下地】

変り塗は塗装であり装飾でもある。研ぎ出し変り塗の工程は、漆塗りの回数が多く、津軽の馬鹿塗などと失礼な名で呼ばれるほどだった。また、研ぎ出して磨き仕上げることが多いため、正確な下地づくりが必須である。下地は堅牢な堅下地(本堅地。地の粉、あるいは砥の粉を水で練り合わせ、パテ状にした中に生漆を混ぜ合わせたものを、箆や刷毛を使って器胎につける技法)で、木地の接着部の刻苧《こくそ》(生漆と小麦粉とを練り合わせ、粘度の高く接着性の増した漆に、麻の細かな繊維や木粉を加えたもの。充填材、成形材として使われる)づめ、麻布着せの後、地の粉・米糊・生漆を練り合わせた「地漆」、地の粉・砥の粉・生漆を混ぜた「切粉地」、砥の粉・水・生漆を練り合わせた「錆漆」を施す。下地付けに用いる篦は、きめが細かく弾力性のあるイタヤカエデでつくる。

唐塗の工程（１）仕掛け
「仕掛け」を行なう津軽塗技術保存会会長の岩谷武治さん。穴のあいた仕掛け篦で、絞漆を付ける工程である。この後、色漆で全面を塗る「塗掛」を行なう（写真：弘前市教育委員会）

唐塗の工程（２）彩色
座卓に「彩色」をする津軽塗技術保存会会員の蒔苗太さん。緑漆の塗掛の上に、刷毛で朱の模様を付けていく。彩色には、２～３色程度の異なる色を用いることが多い

【唐塗】

中塗りを終えると、変り塗の工程に入る。津軽塗の代表的な存在である唐塗は、色漆の断層が斑紋をつくり出す研ぎ出し変り塗である。まず、卵白を混ぜた絞漆《しぼうるし》(タンパク質や鉛白を加えて粘性を強めた漆)で、高肉の斑紋を付ける「仕掛け」を行なう。藩政時代には、丸めた使用済みの漆濾紙などが仕掛けに用いられたが、明治時代半ば頃、製品の規格化、量産化に対応するため、イタヤカエデの篦に穴をあけた仕掛け篦が考案された。現在は、アクリルなどの樹脂板を木篦に取り付けたものが多い。続いて、全面を色漆で塗る「塗掛《ぬりかけ》」、色漆で模様を付ける「彩色《さいしき》」の後、全面を透漆《すきうるし》で塗る「呂塗《ろぬり》」や、色漆を塗る「妻塗《つまぬり》」、仕上げに任意の色の漆を塗る「上《あ》げ塗《ぬり》」を行ない、砥石で模様を研ぎ出す。数回に分けて少しずつ研ぎ、深い窪みは「扱《こ》き塗《ぬり》」で埋め、仕上げ研ぎで模様をむらなく研ぎ揃え、面を平滑に仕上げる。研ぎに青森県産の

唐塗の工程（３）研ぎ出し
大清水砥（白砥とも呼ぶ）で模様を研ぎ出す（写真：弘前市教育委員会）

大清水砥(白砥《しろと》とも呼ぶ)を用いるのも津軽の特色である。その後さらに炭研ぎ、艶付《つやつけ》(呂色仕上げ)をして完成させる。

【七子塗・紋紗塗】

唐塗のほか、漆が乾く前に菜種を蒔き付け、種を取り除いて漆を塗り重ね、種の周囲に漆が吸い上がってできた輪を研ぎ出して無数の小円文を表わす「七子塗」、籾殻などの炭粉を用いる「紋紗塗」、上塗の絞漆が乾く前にヘラや刷毛で引っ掻き、波文様を描く「青海波塗」などが代表的であるが、津軽塗の技法の種類は極めて多い。

●津軽の漆山

漆液を採取するだけでなく、果実から蝋を得るためにもウルシは重要な作物であり、弘前藩は１６９３(元禄6)年に漆奉行を設置して栽培事業を進め、１８１８(文政元)年には領内に１４３万本余りのウルシが植えられていた。

現在は、弘前市内の岩木山麓に、１９８３(昭和58)年に旧岩木町が植栽した4haの市有林があるほか、津軽塗伝統工芸士会が管理する民有林もあり、塗の技術者たちが自ら漆掻きも行なっている。

(近藤都代子)

飛騨高山地方(岐阜県)

●歴史

岐阜県を代表する漆器産業としては、飛騨高山地方の春慶《しゅんけい》塗《ぬり》があげられる。

木材に恵まれた飛騨国は、古来、木工に携わる人材に期待が寄せられてきた。７１８(養老2)年の養老令では、里ごとに10名の「斐陀匠《ひだのたくみ》」の都への派遣が義務付けられた記録があり、代わりに庸・調の税が免除されている。その中から優れた工人も生まれたのであろう。やがて飛騨工《ひだのたくみ》は優れた木工の美称にまでなったが、その飛騨の地で、匠の感性から生まれたとされるのが、飛騨春慶である。

飛騨春慶は春慶塗の一種である。一般的に春慶塗とは、木目の美しさを生かした漆塗り技法で、着色した木地に透明度の高い透漆を塗るものである。黒川真頼『工藝志料』(１８８８年)に、後亀山天皇の時代(14世紀末頃)に和泉国大

飛騨春慶塗の盆

飛騨春慶塗の重箱。割批目が強い印象を与える

浮き出し模様が美しい蓋物

鳥郡堺浦の漆工・春慶が発明した技法である旨記されている。ほかにも、技術の発祥には諸説あるが、この堺浦起源説は通説となっている。同様の技法は各地に見られ、能代春慶(秋田県)、粟野春慶(茨城県、水戸春慶ともいう)など春慶の前に地名を冠するものも古くは多く存在したが、現在まで産業として続いているものは飛騨春慶が唯一といってもよい。

飛騨における春慶塗の始まりは、江戸時代初期の慶長年間(1596~1615)とされる。当時の高山城主であった金森可《あり》重《しげ》(1558~1615年)が神社仏閣を造営していた折、大工棟梁であった高橋喜左衛門重家がサワラ材を打ち割ったところ、その剝ぎ目の美しさに魅了され、その板を用いて蛤形の盆をつくることとした。できあがった盆を、可重の子である重近(のちの宗和/1584~1657年)に献上すると、この木目を生かして漆を塗るようにと命ぜられた御用塗師の成田三右衛門義賢(初代)により、その盆は美しく塗り上げられた。これが飛騨春慶の起源とされている。

金森氏の統治下において、茶器を中心として制作を行なった春慶塗の工人は、扶持米が支給されるなど保護政策がとられ、発展した。1692(元禄5)年に国替えとなった金森氏が去った後は、高山の地は幕府直轄の天領となり、庇護者を失った春慶塗は廃絶の危機を迎える。しかしこの時期には食器などの日用品がつくられるようになり、徐々に復興を遂げることとなった。

現在、生産は問屋・木地師・塗師に分業されており、商業・木地・漆工・挽物からなる飛騨春慶連合協同組合も組織されている。また1957(昭和32)年には、文化庁の記録等の措置を講ずべき無形文化財に選択され、さらに1975年には通商産業省(当時)の伝統的工芸品の第一次指定を受けるなど、その技術は守られてきている。

●技法

木目の美しさと、それを生かす塗りを特色としている飛騨春慶において、その工法は木地と塗りとに大別することができる。

【木地】

使用されるおもな木材は、充分に自然乾燥させたヒノキ、サワラ、トチノキ、ヒバで、木地の加工方法である挽物《ひきもの》(轆轤を使った木地)・板物《いたもの》(板を組み合わせてつくる木地、指物とも)・曲物《まげもの》(薄い板を丸めて輪状にした木地)によって、適材が選択される。おもな製品は、盆や重箱、膳、菓子器などをあげることができる。

それらは木目が見どころになるため、飛騨春慶においては、自然なままの状態だけでなく、木地づくりに工夫が種々施される。

最も特徴的なのは「批目《へぎめ》起こし」である。サワラの剥ぎ目の美観が飛騨春慶の起源とされているように、サワラ材を使用した際に、刃物(批目小刀等)を用いて木目を彫り起こして人工的に批目を入れた製品がつくられている。また特殊な鉈《なた》をサワラ材の縦方向に割り入れて目の表情を生かした「割批目」もある。その他、特殊な鉋《かんな》の引き目でさまざまな線を表現した「鉋目」がある。これは並行に引く線の間隔を変えたり、格子状にしたり、部分的に施すなど、多彩なバリエーションをもつ。特殊な手法には、「浮き出し」と呼ばれる、蒸気をあてて模様を浮き出させる方法もある。

【塗り】

できあがった木地を磨き、まずは目留めという下地工程に入る。これは、あらかじめ水練りした砥の粉をつけて拭ききることで、多孔質な表面をなめらかに整えて漆の塗りむらを防ぐものである。

その後、黄色もしくは紅色の染料を用いて木地の色づけをしてから、現在では大豆汁またはカゼイン(牛乳に含まれる乳固形分の1つであるリン酸化タンパク質。アルカリで中和し塗料として使う)で下塗りをする。この下塗りを数回行なうことで、漆の急激な染み込みを防ぐことができる。次に荏《え》油を加えた生漆を木地に摺り込んでは拭き取るという摺漆《すりうるし》(ごく薄く均一な漆塗膜をつくる工程)の作業を繰り返し行なう。この摺漆を重ねることで木目の表情が際立つため、仕上がりを左右する大切な作業である。

そして最後に上塗りを行なう。上塗りに用いるのは、漆成分を均一にするために攪拌《かくはん》する「ナヤシ」・加熱して水分を調整する「クロメ」の工程を経た漆に、荏油を混ぜることで透明感と艶を増した透漆(透明度の高い精製漆)である。この透明感こそが春慶塗の上塗りにおける肝であり、かつては透明度の高い茨城県大子産の漆が用いられていた。ただし詳細な精製方法については、秘伝とされている。この透漆を1度塗り、硬化させて完成となる。

木目が上塗り越しに放光するかのような、独特の風合いは、このようにして生まれる。現在ではライフスタイルの変化に対応し、伝統的な器形であっても異なった用途での提案をしたり、新しいアイテムの開拓を行なうなど、今後も岐阜県を代表する漆器産業として飛騨春慶の振興が期待される。

●祭屋台

高山市の漆工として、国指定の重要民俗文化財であり、近年ユネスコ無形文化世界遺産に登録された「山・鉾・屋台行事」でも話題となった高山祭《まつり》屋台《やたい》についても特記しておく。江戸時代につくり上げられた祭屋台は、木工(設計を含む)、漆工、金工、彫刻、染織、からくり等の総合芸術でもあるが、これらを包括して保存修理を行なう、高山・祭屋台保存技術協同組合が１９８１(昭和56)年に組織されている。屋台に関しての修理を総合的に対応できるのは高山のみであり、地元の屋台のみならず、全国の屋台所蔵者からの修理希望に、その保存技術が生かされている。

飛騨高山の祭屋台。屋台にはそれぞれ名前があり、前から行神台、豊明台、宝珠台、その奥が大八台。秋の高山祭で桜山八幡宮の表参道に勢ぞろいしたところ

漆を塗り、加飾を施す漆工分野では、現在は輪島の堅地による髹漆法《きゅうしつほう》(下地から上塗までの漆塗)が取り入れられ、大がかりな塗り直しから、部分修理まで行なわれている。ただし、この作業を担う若干名の工人の高齢化が進み、後継者不足は深刻な問題である。どの分野も欠けることない存続が望ましく、これも高山ならではの漆工として付記しておきたい。

会津地方(福島県)

●歴史

福島県会津地方は今も昔も、一般向けの日用漆器の大産地として知られる。

会津地方では中世には漆の生産が確認され、漆器生産の何らかの萌芽があったと考えられている。本格的な産業としての始まりは、１５９０(天正18)年の蒲生氏郷(１５５６～１５９５年)の入部にともない、蒲生氏が以前の領地であった近江国より、日野椀製造にかかわる木地師と塗師を招致したことに端を発するとされる。そして以後の領主によるウルシ植栽の奨励と生産者の増加により、柿渋下地に漆を塗った丸物(轆轤を使った椀・鉢・盆などの回転体の木地、挽物ともいう)を主とした漆器産地として成長した。

転機となったのは、１６４３(寛永20)年に保科正之が移封してからである。保科氏の時代には、渋地塗・堅地塗の採用や板

物(指物)木地の導入などの技術改良、漆器奉行設置や漆器・漆液の検査などの生産管理、等々の諸政策が打ち出され、生産体制が強化された。

この頃には徐々に加飾(漆器に装飾を施したもの)も行なわれるようになり、素朴な漆絵から、南部椀の影響を受けた図様や檜垣・松竹梅・破魔矢の組み合わせによる会津絵(写真1)と呼ばれる図様を漆絵と金箔で表現するものが出てきた。

また、18世紀末にはこの会津藩家老の田中玄宰《はるなか》(1748〜1808年)が、京都から木村藤蔵を招き消粉《けしふん》蒔絵(金銀の箔を細かい粉にして膠と水飴と混ぜて乾かした粉末を使った蒔絵)を伝習させたとされ、また金箔とこれを粉にした金消粉《きんけしふん》の製法を学ばせるなどしている。この消粉蒔絵が、現在も会津を代表する技法となっている。

写真1　会津絵による丸物漆器

ところが戊辰戦争の戦禍により漆器産業も壊滅状態に陥ってしまう。しかしこの危機も、政府の融資を受けながら、大手の問屋の努力により乗り越えられた。1881(明治14)年の褒賞条令による大規模な木杯受注を契機に、規格通りの大量生産のための効率化を図った技術改良がなされ、このことが現在の会津漆器を特色づける1つとなっている。

それは木地加工における鈴木式木地挽旋盤機(通称:鈴木式轆轤〈写真2〉)の開発と、平極《ひらごく》蒔絵(写真3)の技術習得である。また明治時代には、色粉《いろこ》蒔絵(写真4、5)や朱《しゅ》磨きといった加飾技法が新たに登場する。

その後も恐慌や戦争に伴う経済不況や、中国産漆の輸入が止まる原材料の問題など、さまざまな壁にぶつ

写真3　平極蒔絵の作品

写真2　鈴木式轆轤(ろくろ)

写真4　色粉蒔絵の作品

写真5　色粉蒔絵

かってきたが、それらに対しては、プラスチック素地、カシュー塗料、合成塗料の採用といった代用漆器により、しのぐ方策が採られた。量産の維持を目指したこうした方向性は、現在でも色濃く残ってはいるが、伝統的な木製漆器製造も存続の問題をはらみながら一部に存在しており、この伝統的な木製漆器製造の動向が今後は重要になると思われる。

会津の漆器産業の転換期の克服は、技術改良の歴史でもある。1975(昭和50)年には、通商産業省(当時)の伝統的工芸品の第一次指定を受けている。現在は福島県ハイテクプラザ会津若松技術支援センターなど行政との連携により、新たな展開が期待されている。

●技法

会津での木製漆器の製造工程は、大きく木地、塗り、加飾に分けることができる。

【木地】

木材は十分な乾燥ののちに加工される。加工法により、丸物(轆轤によって成形される木地)と板物(板材や棒状材を組み立ててつくる木地)とに分かれる。

丸物の木材はおもにトチノキやブナで、成形に用いられるのが、先述した鈴木式轆轤である。これは、1896(明治29)年に鈴木治三郎によって発明された擦り型を用いる轆轤で、その後も改良が重ねられ、均一規格での量産を可能としている。

板物木地師は、会津では惣輪《そうわ》師と呼ばれる。木材はおもにホオノキやカツラなどで、留め仕上げ(箱の角部を丸くし、留め部分に補強材を入れたもの)、湯曲げ(煮沸した木地を丸めて成形するもの)、挽曲げ(曲げようとする場所に引き目を入れて角をつくるもの)による側板に対して、底板を合わせてつくられる。

【塗り】

上塗りは、光沢が強い花塗りが特色である。花塗りとは、塗立（塗放し）の技法のことで、漆を塗った後に研磨することなく仕上げるものである。漆は荏油を加えた塗立漆を用いる。会津では、木地と同様に丸物・板物それぞれに分業化されている。

また変塗《かわりぬり》の一種である金虫喰塗《きんむしくいぬり》も幅広く行なわれている。これは中塗り後に、黒蝋色漆《くろろいろうるし》を厚めに塗り、その漆が硬化しないうちに、大麦（もしくは籾殻）を蒔き付けて仕掛けをつくる。硬化後に大麦を払い落とすと、塗り面にその形の凹凸ができるので、生漆を擦り込んで銀消粉を絡ませて梨子地漆《なしじうるし》（黄色味の強い透漆）で上塗り、磨き上げると、金色の独特の文様ができあがる。

【加飾】

会津漆器を彩る技法の代表的なものは、消粉蒔絵、色粉蒔絵、平極蒔絵、朱磨きを上げることができる。

・消粉蒔絵

消粉《けしふん》蒔絵は、金塊を鑢《やすり》で削った金粉を粉筒で蒔く狭義の蒔絵とは異なり、金箔を粉状に加工した消粉（泥《でい》）と呼ばれる材料を用いて文様を表わす技法である。石黄《せきおう》を混ぜた漆で文様を描いた後、漆の粘度が頂点に達した時を見計らい、真綿にたっぷり消粉をつけて漆に絡ませて文様を浮かび上がらせる（写真６）。金地《きんじ》の場合を除いて、漆固めを行なわない蒔放《まきはな》しのため、工程も少ない。また特殊な漆を用いて簡便に高蒔絵《たかまきえ》（漆などで盛り上げたりして高さを出したもの）を行なえる光付《ひかりつけ》という技法もある。そのため、安価に従来の蒔絵のような効果を得られる。

・色粉蒔絵

顔料（朱、弁柄、石黄など）を消粉と併用し、消粉の中にぼかしこむ技法で、色彩豊かな表現を可能にしている。工程は消粉蒔絵とほぼ同じである。

写真6　消粉蒔絵作業。真綿で漆に消粉を絡ませる

・平極蒔絵

前述した１８８１（明治14）年の褒賞条令により、受章に準じる功労者へ金銀木盃が授与されることになり、その規格に叶うものとして消粉蒔絵に代わり導入された技法である。平極とは平粉（延粉）のことで、鑢で下ろした金粉を消粉程度まで細かく砕いてつぶした粉である。粉が細かいため、蒔かずに真綿で絡ませる。この金粉を用いたものが平極蒔絵で、摺漆をして磨いて仕上げる。この技法で木盃に菊花紋を施すのが会津で独自の手法となっている（家紋蒔絵）。

・朱磨き

写真7　朱磨きの作品

菊桐文などを朱と黒の鮮やかなコントラストを生かして表わす会津独自の技法で、1904(明治37)年頃から行なわれている。弁柄漆や黄漆で描いたところに朱の粉を蒔き付け(蒔朱絵)、硬化後に引砥(刃物等を研ぐ際に使う天然砥石の表面を挽き擦ってつくる微粉末)で磨いたものである(写真7)。

●ウルシの植栽

このように、会津の漆器は多くの需要に応えるべく、さまざまに独自の技術を開発・改良してきた。ただ本稿ではほとんど触れていない代用漆器というネガティブな印象も少なくはないが、デザイナーとのコラボレーションや若手による勉強会開催など、今後の会津ブランドを考える動きも活発に起こっている。

そうした動きの1つとも言えるのが、ウルシの植栽であろう。漆は古くは会津の特産でもあったが、再び会津産の漆を復活させようということで、会津漆器協同組合や企業、NPO法人が、かつて会津藩が漆ウルシの栽培をしていた場所などでウルシの植栽をしている。まだまだ量産の域ではないものの、苗木自体も会津ならではのウルシにしようという試みも含め、漆という最も基本的なところから会津ブランドを構築しようという姿勢に、歴史に培われた大産地としてのエネルギーを感じることができる。

(永田智世)

高松(香川県)

●讃岐の風土

讃岐漆器は、香川県高松市で生産される漆器である。讃岐(高松)は、漆器の素地となる良質な木材が豊富に採れるわけでもなく、湿潤な気候を好む漆が、晴天日数の多い讃岐の気候に適しているとも思えない。なぜ漆器が讃岐の特産となったか。それは、ひとえに江戸後期に高松藩の漆工・玉楮象谷《たまかじぞうこく》(1806～1869年)が現われたことによる。

●唐物漆器

象谷の父藤川洪隆《こうりゅう》は篆刻《てんこく》(印を彫ること)の名手で、象谷も優れた彫りの技術を受け継いでいた。京都の陶工・永楽保全《えいらくほうぜん》(1795～1854年)が、古美術の名品を所蔵していると聞き、

写真8　堆朱四角牡丹唐鳥盆（元末～明初）高松市美術館蔵（写真：高橋章）

象谷は保全を訪ね、入魂《じっこん》となった。

また、その紹介で東本願寺や大徳寺の高僧と親交を結び、堆朱《ついしゅ》、堆黒《ついこく》など中国伝来の唐物《からもの》漆器をつぶさに見る機会を得た（写真8）。唐物漆器に魅せられた象谷は、これらを研究し、試行錯誤を重ねて創始した技法が、彫漆《ちょうしつ》、蒟醤《きんま》、存清《ぞんせい》であった。

【玉楮象谷による彫漆・蒟醤・存清の創始】

彫漆は、色漆を厚く塗り重ね、模様を彫り表す技法。蒟醤は、蒟醤剣と称する彫刻刀で模様を彫り、その彫り口に色漆を埋め、平らに研ぎ出すもの。蒟醤の名は、檳榔樹《びんろうじゅ》の実を噛むというタイ語に由来する。存清は、色漆で模様を描き、輪郭や細部に線彫りを加える手法である（次ページの図）。これらはいずれも彫りを前提としている。

象谷の超絶技巧の彫りを象徴しているのが、1839（天保10）年9代藩主松平頼恕《よりひろ》に上納した「一角印籠《いっかくいんろう》」（重要美術品、写真9）である。これは、わずか8㎝余りの一角材（歯クジラの仲間のイッカクの牙）に、蓮の葉や花、太湖石（浸食により穴の多い奇形の石灰岩。中国の蘇州付近の太湖周辺の丘陵から多く産出したので、この名がある）に加えて虫類、鳥類など999の生き物を彫り出した驚異的なもので、これにより藩主より「玉《たま》楮《かじ》」の姓を与えられたと伝えられる。「玉楮」の出典は、玉《ぎょく》（ヒスイであろう）で楮《こうぞ》の葉を彫刻した宋《そう》の工人が、その技術によって召し抱えられたという故事（「列子」説符篇《せつぷへん》）に由来する。

当時、大名調度といえば蒔絵（漆で絵や文様を描き、金粉や銀粉をまく技法）であった。堆朱、堆黒など彫漆を中心とする唐物漆器は中国からの輸入品しかなかった、象谷はここに着目し、これらを写して国産の唐物漆器を創り出した。

10代藩主松平頼胤《よりたね》は、徳川11代将軍家斉の娘、文姫と結婚。後に大老となる彦根藩主井伊直弼とは旧知の間柄でもあり、幕閣の中枢にいた。藩主頼胤の果たした役割もまた大きかった。

1851（嘉永4）年象谷は頼胤の命により、参勤交代の手土産として「狭貫彫《さぬきぼり》堆黒《ついこく》松《まつ》ケ《が》浦《うら》香《こう》合《ごう》」（忘貝《わすれがい》を彫った香合。香合とは、香を入れる蓋付きの小容器。重要美術品、写真10）18合を

写真9　玉楮象谷・作「一角印籠」香川県立ミュージアム蔵（写真：高橋章）

図　香川漆芸の三技法

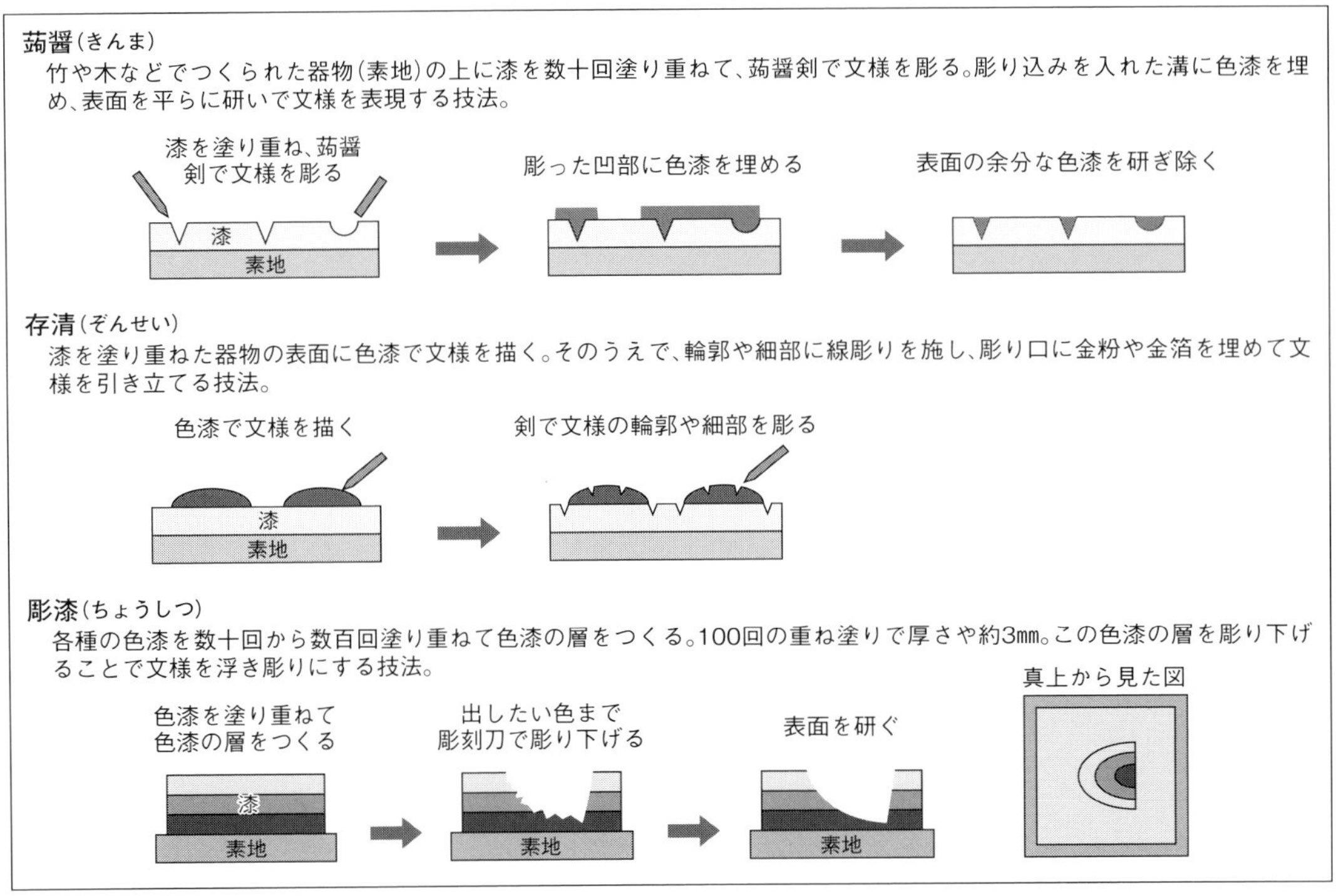
蒟醤(きんま)
竹や木などでつくられた器物(素地)の上に漆を数十回塗り重ねて、蒟醤剣で文様を彫る。彫り込みを入れた溝に色漆を埋め、表面を平らに研いで文様を表現する技法。
漆を塗り重ね、蒟醤剣で文様を彫る
漆
素地
彫った凹部に色漆を埋める
表面の余分な色漆を研ぎ除く
存清(ぞんせい)
漆を塗り重ねた器物の表面に色漆で文様を描く。そのうえで、輪郭や細部に線彫りを施し、彫り口に金粉や金箔を埋めて文様を引き立てる技法。
色漆で文様を描く
漆
素地
剣で文様の輪郭や細部を彫る
彫漆(ちょうしつ)
各種の色漆を数十回から数百回塗り重ねて色漆の層をつくる。100回の重ね塗りで厚さや約3㎜。この色漆の層を彫り下げることで文様を浮き彫りにする技法。
色漆を塗り重ねて色漆の層をつくる
漆
素地
出したい色まで彫刻刀で彫り下げる
素地
表面を研ぐ
素地
真上から見た図

写真10　玉楮象谷・作「狭貫彫堆黒松ヶ浦香合」(忘貝香合、1851〈嘉永4〉年)香川県立ミュージアム蔵(写真:高橋章)

写真11　玉楮象谷・作「彩色蒟醤料紙硯匣」(さいしきききんまりょうしすずりばこ)(1854〈安政元〉年)香川県立ミュージアム蔵(写真:高橋章)

制作した。見慣れた蒔絵ではない中国趣味の彫漆器は、江戸城内で驚きをもって迎えられたことであろう。このように将軍や親藩、譜代の有力な諸大名への進物品を通じて、象谷の名声は広く知られるようになった。

●明治期の讃岐漆器

明治になると象谷の没後、実弟藤川黒斎《こくさい》は屋号を文綺堂《ぶんきどう》と称し、存清、蒟醤の製法をもとに実用漆器を製造するようになった。素地には多く籃胎《らんたい》が用いられた。

籃胎は、竹ヒゴで籠状に編んだ素地である。次第に漆器業者も増え、存清を中心に活況を呈し、漆器屋は別名、存清屋と呼ばれた。しかし受注が多くなるにつれ、業界が下地の加工に手を抜いたため信用を落とし、明治末期には讃岐漆器は香川から姿を消してしまった。

●香川県工芸学校の設立

1898(明治31)年輸出工芸の生産に従事する職工の養成機関として香川県工芸学校が開校し、漆器科が設置された。初代校長は納富介次郎《のうとみかいじろう》(1844〜1918年、製陶家)。ウィーン万国博の審査官であった納富は、重要な輸出産業としての工芸を振興させるための人材養成を目的に設立した。工芸学校は創立以来、実用向きの職工を養成するものであった。

香川県工芸学校の正門(1914〈大正3〉年)

●木彫漆器

1910(明治43)年電動ロクロの導入によって木製素地の量産化が可能になると、木彫漆器が大正期から昭和初期にかけて漆器産業の主流となった。花鳥や菜果を彫った木彫に実物を思わせる色漆を施したものを讃岐彫《さぬきぼり》と呼んで、石井磬堂《けいどう》など優れた彫りの名手が輩出した。また手彫りの彫抜《ほりぬき》漆器が出始め、桑根常三郎が考案した松の彫抜盆や茶托、後藤太平が考案した独自の深みのある朱漆で仕上げた後藤塗が盛んになった(写真12)。

●讃岐漆芸の復興

明治末年には粗製濫造がたたって讃岐漆器は衰退し、製法は絶えていた。象谷が唐物漆器に接し、自らの作風を切り開いたように、磯井如真《じょしん》(1883〜1964年)は象谷を心の師と仰ぎ、象谷や弟藤川黒斎が遺《のこ》した優れた作品を見て独自に研究を重ね、讃岐漆芸をよみがえらせた。また、1913(大正2)年、新聞写真の網点にヒントを得て、「点彫り蒟醤」を創案、濃淡や奥行きを出すことに成功した。讃岐漆芸を復興し、近代化を確立したことにより、讃岐漆芸中興の祖と称される。

●香川県漆芸研究所の設置

戦後になると、漆器産業は高度成長期に座卓《ざたく》の需要が飛躍的に伸び、「漆器王国・香川」と称され、19

写真12　後藤太平・作「彫抜楕円式茶具入」(1913〈大正2〉年)
高松市美術館蔵(写真:高橋章)

49(昭和24)年旧通商産業省より、重要漆工集団地の指定を受けた。

1952年文化財保護委員会(文化庁)により蒟醤、存清が無形文化財として選定された。これが気運となり、1954年蒟醤、彫漆、存清の技法の伝承と後継者養成を目的に香川県漆芸研究所が設置された。このような公的機関は、全国でも1967年設立の石川県立輪島漆芸技術研修所と2か所だけである。

●重要無形文化財保持者(人間国宝)の認定

1955(昭和30)年、文化財保護法の改正により、同年、音丸耕堂が彫漆で、翌1956年、磯井如真が蒟醤で重要無形文化財保持者(人間国宝)に認定された。

近年では、磯井正美が1985(昭和60)年父に続いて人間国宝に認定された。また1994(平成6)年、太田儔《ひとし》が同じく蒟醤で認定された。さらに2013年、山下義人《よしと》が19年ぶりに蒟醤で追加認定された。現在、蒟醤で3人の人間国宝がいることは、特筆すべきことである。

●伝統的工芸品としての香川漆器の指定

1976(昭和51)年、通商産業大臣(現・経済産業大臣)の指定する伝統的工芸品として、讃岐漆器は「香川漆器」という名称で指定された。これには象谷が創始した蒟醤、彫漆、存清に、後藤塗、象谷塗《ぞうこくぬり》を加えた五種類の製法が規定されている。製品は座卓、飾棚《かざりだな》など室内調度品から盆、菓子器、茶托など小物類まで種類が豊富であるが、ことに後藤塗と象谷塗が広く普及している。象谷塗は象谷が制作した作例はないが、木地に真菰《まこも》粉《ふん》を蒔いて摺漆《すりうるし》で仕上げる技法である。

●香川の漆芸の魅力を発信

2014(平成26)年、香川県漆芸研究所は創立60周年を迎えた。この研究所の魅力は、何より人間国宝などが直接指導することで、漆芸技術だけでなく造形感覚、色彩感覚、物事に対する考え方が総合的に学べることである。近年、研究生は県外出身者や女性の割合が増えた。研究所の修了者は400名を超えており、県内外で漆芸作家や漆工技術者として活躍している。

2016年、香川県では漆芸研究所の修了生を中心に、香川県の漆芸の魅力を発信する事業を開始した。これは、現代アートのコンテクストの中に香川の漆芸を位置づけ、海外展開をめざす試みである。2017年は、「家庭画報」の企画協力で、イタリアの高級婦人靴ブランド、セルジオ・ロッシとのコラボが実現し、ヒール部分に漆で加飾したハイヒールを「GINZA SIX」で展示した。このような持続的な活動から、新たなブランドが確立されていくことであろう。

(住谷晃一郎)

5章

漆液以外の利用

ウルシの（漆液以外の）利用

●スローライフの中にウルシ資源の活用を

「特用林産物」は、「主として森林原野において産出されてきた産物で、通常林産物と称するもののうち、一般用材を除く品目の総称」と定義され、林野庁のホームページに「特用林産物」についての情報があり、その解説と生産動向が示されている。「特用林産物」の生産は、農山村における地域資源を活用した産業の1つで、地域経済の安定と就労の場の確保に大きな役割を果たしている。

林野庁のホームページでの「特用林産物」は、非食の「うるし」、食用の「しいたけ」、「えのきたけ」、「ぶなしめじ」などのきのこ類、樹実類、山菜類など、木ろうなどの伝統的工芸品の原材料及び竹材、桐材、木炭などの森林原野を起源とする生産物のうち、一般の木材を除くものの総称であると説明されている。林野庁では、農山村の生産活動に大きく寄与している特用林産物について、品目毎に毎年調査を行ない、特用林産物の生産量、生産額の動向について公表している。

国内産の漆は、良質なことから重要文化財などの修復用としての需要には根強いものがあり、2016年の国内生産量は約1・3tで、おもな生産地は岩手県であり、国内生産量と輸入量を合わせた需要量の94%は中国から輸入されている。

ウルシから樹液を採取するだけでなく、ウルシの葉、花、実、材、芽、枝、樹皮も一部の地域で利用されている。漆液を採取するには、木を15〜20年も長年育成・管理し、時期が来たら1年で漆液を採取し、その後は木を伐り倒す、いわゆる「殺し掻き」が行なわれている。それは「もったいない」話で、ウルシの恵み・恩恵を十分に利用するにはいろいろな利用法がある。しかし、その利用は一部の地域に限られ、総合的な利用は進んでいない。急がず、有用なものを活用するスローライフの中でウルシ資源の活用が続くことを願っている。

それにしても常に漆というと、漆かぶれを心配する人が多い。漆かぶれはアレルギー反応で、漆に触れかぶれる人も、かぶれない人もいるが、「漆器」でかぶれることはない。漆かぶれについての理解や知識を増やし、「漆器」を日常生活の中で常用し、親しんでもらいたいと願っている。

●まるごと植物としてのウルシを利用する

ウルシから樹脂を含む漆液を採取するだけでなく、ウルシの葉、花、果実、材などが利用されている。ウルシの恵み・恩恵を十分に利用している現状を表にまとめた。

表にみるような葉、花、果実、材、芽、枝、樹皮の利用は、広範囲にまた一般的ではないが、地域限定で、それぞれ細々と行なわれている。ウルシは大変有用で、また美味しい部位があり、それらが利用されてきたのである。しかし、便利で有益なものに恵まれている現代、このような利用は細々であり、徐々に忘れ去られる状況にあり残念である。とはいえ、それらの中からとくに興味深いものを選び、次に解説した。

●ウルシの果実——ウルシコーヒー

ウルシの果実を煎り、粉砕して、これに熱湯で煎じた液はコーヒー色になり、その香りはコーヒーのようである。それをウルシコーヒーと呼んでいる。日本で最大の漆生産地である岩手県二戸市浄法寺地区の喫茶店で、それを楽しむことができる。

岩手県では、古くから馬にウルシの果実を食べさせると毛並みがよくなり、艶がでるといわれている。ウルシの実の主要な成分は、食用油と同じグリセライドで、オリーブ油に近いオレイン酸主成分のグリセライドであるため、栄養価が高いと思われる。

また、ウルシ蝋は、木蝋（ハゼノキから得られる蝋）と同様に蝋燭や化粧品の原料に使われてきた。ウルシ蝋のおもな構成成分はパルミチン酸やオレイン酸であるが、特徴的な化合物として日本酸（二塩

表　ウルシの樹液以外の利用

利用部位	利用内容	製品名
果実	果実をローストしクラッシュして「果実コーヒー」にする	果実コーヒー
ウルシ蝋	果実を搾ってつくるロウソク、家具類ワックス、化粧品基材に利用する	ロウソク、ワックス、化粧品
材	材は淡黄色のため木工材料として、また染料、染色材料として利用する。また、材は耐水性が強いことから、縄文時代は水場の杭に用いられていた。下宅部遺跡（東京都）や南鴻沼遺跡（埼玉県）などの縄文時代の遺跡からウルシ材の杭が多数発掘されている。また、現在でも日本で第2位の漆生産地である奥久慈地域（茨城県）の一部地域の水場に近い畑の土留に、杭が使われていた。さらに、材は軽く水を吸いにくく、水に丈夫である性質から、漁網の「浮き」として浄法寺地区（岩手県）で生産され、「アバ」とか「アバギ」と呼ばれ、北海道から九州まで、全国的に供給していた時代があった。現在、漁網の「浮き」はすべてプラスチック製に代わり、「アバギ」は使われていない	染色材料、 土留め用の杭、 漁網の「浮き」（アバ・アバキ）
材	部屋のインテリアに、室内の消臭剤や水分調整剤として掻き取り跡のあるウルシの炭が使われている	炭 （インテリア・消臭剤・水分調整剤）
花	花を「はちみつ」の原料に用いる	蜂蜜
新芽・若葉	新芽は食べることができ、天ぷらや味噌汁の具にすると、美味だといわれている。これはもともと漆掻き職人や漆塗り職人が、山菜独特のえぐみが少なく食べやすく、また漆に対する免疫をつくるとして食べたのが始まりのようだ	天ぷら、味噌汁の具、
花・若葉	花、若葉を入れた薬用酒（リキュール）をつくる	薬用酒
樹皮や枝	皮や枝を入れた韓国料理「オッケタン」、そのほかに飲料、伝統的な韓薬、石けん原料として利用されている	韓国料理「オッケタン」 韓薬、石鹸材料

ウルシ蜂蜜。セイヨウミツバチが集めたウルシ花の蜜。岩手県二戸市などでは特産品として瓶詰めで販売されている。すっきりとした味わいの蜂蜜である（写真：田端雅進）

基酸）のグリセライドが含まれている。ウルシ蝋や木蝋が粘靭性（ねんじんせい）を有するのは、この日本酸を含有するからだといわれている。粘靭性とは、物に力を加えたとき破壊することなく塑性的に変形する性質である。

グリセライドは、グリセリンと脂肪酸のエステルの総称である。グリセリンの3個の水酸基すべてが、長鎖脂肪酸とエステルを形成したトリグリセリドは、動植物脂肪の主成分である。ウルシ蝋や木蝋の主成分は、パルミチン酸、ステアリン酸及びオレイン酸のトリグリセリドである。

木蝋の用途は、この蝋に含まれる日本酸のグリセライドの粘靭性のため、化粧品や相撲取りの髷を結う鬢付け油に用いられ、そのほかポマード、チックなどの整髪料、クレヨン、色鉛筆、食品、医薬品、口紅などの化粧品、トナーやインクリボン、CDなどOA機器の添加剤として使われる。また天然材料の良さを活かして、シックハウス症候群対策としても良いフローリングワックスに利用されている。また、煎餅などがくっつかないようにするコーティング剤にも使われている。

●ウルシの果実——ウルシ酒

ウルシ酒は、石川県立輪島漆芸技術研究所で開発されたといわれている。

また浄法寺地区の漆掻き職人も、このウルシリキュールをつくり、飲んで楽しんでおられた。私たちが漆液の採取や調査で浄法寺地区を訪問した折に、これで歓迎していただき、試飲する機会があったが、なかなか乙なものである。「ウルシ酒」は濃い琥珀色をしていて、独特の味が有り、胃腸病の予防になり、腹痛が治るといわれている。民間の保健強壮的な飲料のようなものだろう。

●漆の抗菌活性

昔から漆塗りのお重（高級な漆器）に食物を入れておくと腐りにくいといわれてきた。そのようなことから漆膜に対する抗菌性や抗カビ性について、金沢工業大学の小川俊夫教授が調べられている。それによると、漆膜に種々の微生物を繁殖させ、その増殖や死滅をフィルム密着法で調べた結果が報告されている。

黒色漆、朱合漆、拭漆に対して大腸菌で、その抗菌活性を調べたところ、いずれも抗菌活性が認められたと報告されている。同様な試験をフェノール樹脂で調べたところ、同じように活性が認められたことから抗菌活性はフェノール性水酸基の影響が大きいようだ。このような抗菌活性は大腸菌だけでなく、尿素分解菌、黄色ブドウ球菌に対しても認められている。しかし、抗カビ性はないと報告されている。

（宮腰哲雄）

ウルシ材の利用

●枝・樹皮の利用

【フラボノイドによる薬理効果──薬膳料理】

日本ではウルシを食する習慣はほとんどないが、韓国ではウルシの枝や樹皮が韓薬(生薬)として用いられている。ウルシの枝・樹皮を用いた薬膳料理に漆鶏湯(オッケタン)、漆参鶏湯(オッサムゲタン)があり、血行促進、肝機能回復効果などがあるとされる。

ウルシの枝・樹皮の有効成分についてはさまざまな研究が行なわれている。漆液に薬理活性があるとの報告もあるが、樹皮や材に含まれているフラボノイドと呼ばれるポリフェノール成分が注目されており、種々の薬理活性があることが報告されている。

【耐水性を活かす──浮き具「アバ」】

漆液採取後に伐採されたウルシ材は、比較的軽く、耐水性があるとされ、かつては水桶や漁網用の浮き木具などに利用されていた。漁網用の浮き具はアバと呼ばれ、現在では主に合成樹脂製品が用いられているが、かつては木製品が一般的であった。アバには水面に浮かせるものと水中で浮かせるものがあり、前者にはキリ・サワラ・スギ材などが使われ、後者には水中でも浮力が失われにくいウルシ材が広く用いられていた。

漆の産地である岩手県二戸市浄法寺町では、漆液採取後のウルシ材を材料としたアバの生産が、昭和30年頃まで行なわれていた記録がある。しかし近年ではアバへの需要はなくなり、ウルシの伐採量も少ないことからも、一般にウルシ材の利用はほとんど行なわれていない。

【心材部の黄色色素を活かす──木工品・家具など】

ウルシ材の大きな特徴として、心材部(幹中心部の色が濃い部分)が鮮やかな黄色を呈していることが挙げられる。黄色い材であるという特徴を活かし、現在もわずかであるが、ウルシ材は木工品や寄木細工、家具などに用いられている。ウルシ心材には樹皮と同様に、フラボノイドなどのポリフェノール成分が多く含まれている。

このポリフェノール成分には黄色い色素成分が含まれており、これがウルシ材の鮮やかな黄色の要因となっている。

ウルシ材

ウルシの枝や樹皮——韓国の伝統料理

「オッケタン（漆鶏湯）」

「オッサムゲタン（漆参鶏湯）」

日本では、漆はおもに塗料ととらえられ、漆かぶれを心配する人も多い。これに対して韓国では、ウルシを食材として料理に使っている。ウルシの成分には血行促進、肝機能の回復に役立ち、また強壮作用があると考えられている。

オッケタン（漆鶏湯）

韓国料理のオッケタン（漆鶏湯）、オッサムゲタン（漆参鶏湯）は、烏骨鶏の肉とウルシの枝や樹皮を一緒に煮込んだ若鶏スープであり、いわゆる薬膳料理的なもので、サムゲタンの高級バージョンである。

烏骨鶏の肉とウルシの枝や樹皮を一緒に煮込んだオッケタン、オッサムゲタン）は1万4000ウォンであった。ウルシの枝や樹皮は市場で販売されている。その用途は食材、飲料、石けんなどである。

触っただけでも手がかぶれる漆を、食材として利用するには、当然のことながら下準備（漢方では修治という）が必要である。薬としての漆には、かぶれるほどの毒性が除去されると考えられている。

漆の性味《せいみ》（薬の属性である寒・熱・温・涼の四気と酸・甘・苦・辛・鹸の五味のこと）は、辛味と苦味である。辛い味には凝結したものを分散する役割が、苦い味には泄出させる役割がある。

つまり、よどんで血塊になった瘀血を崩し、解き、排出する役割があると考えられているようだ。汚れた血液が皮膚表面下に停滞して、肌に浮き出たタイプのシミを薄くしてくれ、温かい性味を持つ漆は冷え性にピッタリであると考えられているのだろう。

日本でもウルシを食す利用法がないわけではない。ウルシの新芽や若葉は珍味として天ぷらやみそ汁の食材になっているし、ウルシの花からとれた蜂蜜が一部の地域で販売されている。これは、漆かぶれに対する免疫がつけるように食べたのが始まりのようだ。

調理用のウルシの枝、樹皮及びウルシの飲料

ウルシの葉は、山菜のような独特のえぐみが少なく食べやすいといわれている。漆かぶれは、漆液に触れた場合に起こるアレルギー反応で、漆液に触れてかぶれる人もいれば、なかにはまったくかぶれない人もいる。しかし漆器は、漆のウルシオールが完全に乾燥し硬化しているため、漆器で漆かぶれになることはない。

ただ、ウルシ酒や、韓国の漆料理を楽しむ場合、食材や調理品がどの程度のウルシオールを含有しているかわからない。そのため食事をする前に「漆かぶれ」を思い起こしてほしい。

韓国で漆料理を食べる前に、「漆かぶれ」が心配な人のために「生卵」や「漆かぶれ」防止薬があるそうで、それを飲んでから食べたほうがいいと聞いている。漆かぶれの機構、漆に対する耐性（トレランス、免疫寛容）を考えながら十分に注意して貴重な機会を楽しんで欲しいものだ。

（宮腰哲雄）

漆かぶれ対策

かぶれの根本的な治療法はまだ確立されていない。漆に触った場合、まず漆が付着したところをオリーブ油や食用油で拭き取り、その後石けんで洗い流す。ベンジンやアルコール溶剤は、ウルシオールが皮膚に浸透するので不可。

漆かぶれの発疹が現われたら、皮膚科へ。局所治療として副腎皮質外用剤、かゆみに対しては抗ヒスタミン剤が処方される。ステロイド薬は、一時的に効果があるものの持続的に効かない。またかぶれが重傷の場合は、抗生物質が処方されることもある。

漆かぶれは日常的に漆にふれることで、耐性あるいは慣れが生じ、かぶれなくなる。漆に常にふれている漆塗り職人は、漆かぶれに強く、かぶれない。

漆かぶれ対策は、今のところ耐性を獲得すること、すなわちトレランス（免疫寛容）になることを期待するしかない。

（宮腰哲雄）

●ウルシ染め――染料として活かす

岩手県二戸市浄法寺町では、ほとんど利用されていないウルシ材を有効利用する試みとして、小規模であるがウルシ材を染料とした織布の染色「ウルシ染め」が行なわれている。ウルシ染めは、ウルシ材には黄色いポリフェノール成分が含まれること、ポリフェノール成分には優れた染色性があることを活かした、有効な利用法と考えられる。

植物を染料とした染色は草木染めと呼ばれ、古くからさまざまな植物が染料として用いられている。代表的な植物染料として、青色のアイ(藍)の葉、赤色のアカネ(茜)の根やスオウ(蘇芳)の材及び莢《さや》、黄色のウコン(鬱金)の根茎やキハダ(黄檗)の樹皮などがある。植物染料の色素成分は素材によってさまざまであるが、ウルシ材と同じポリフェノール成分に分類されるものが多くあり、上述ではアカネ、スオウ、ウコンがこれに該当する。

「漆染め」の製品

鉋屑状に切削したウルシ材

【ウルシ染めの手順】

ウルシ染めの工程(手順)について以下に説明する。工程は、①ウルシ材の加工、②染液の調製、③織布の染色、④染色布の媒染に大きく分けられる。①～④の工程でウルシ染めは行なわれるが、より濃色に染めるため③織布の染色と④染色布の媒染を繰り返して行なうこともある。

①ウルシ材の加工

ウルシ材染液の調製

色素成分を抽出しやすくするため、ウルシ材を小さく切削する。ここでは鉋屑状に削っているが、粉状やチップ状に粉砕しても良い。

②染液の調製

ウルシ材を水で煮出すことで色素成分を抽出して染液をつくる。ウルシ材によって色素成分が含まれる量が違うため目安になるが、ウルシ材に対して30倍量の水(例えばウルシ材1kgに対して水30ℓ)で煮出すことで、十分な濃さの染液が得られる。煮出す時間は沸騰した水で30分間程度必要である。また作業性を良くするため、ウルシ材は目の粗い布袋に入れて染液の調製を行ない、煮出した後のウルシ材は袋ごと取り出す。

③織布の染色

染液に織布を浸けて染色を行なう。ウルシ材や織布によってさまざまな場合があるためここでも目安になるが、染液の調製で使ったウルシ材と同重量の織布が染色可能である。織布が熱に強い繊維、例えば綿などであれば、加熱しながらの染色(煮染め)を行なうことで、効率的に染色することができる。煮染めの場合は30分間程度で染色できる。染色後は染色布をよく水洗する。

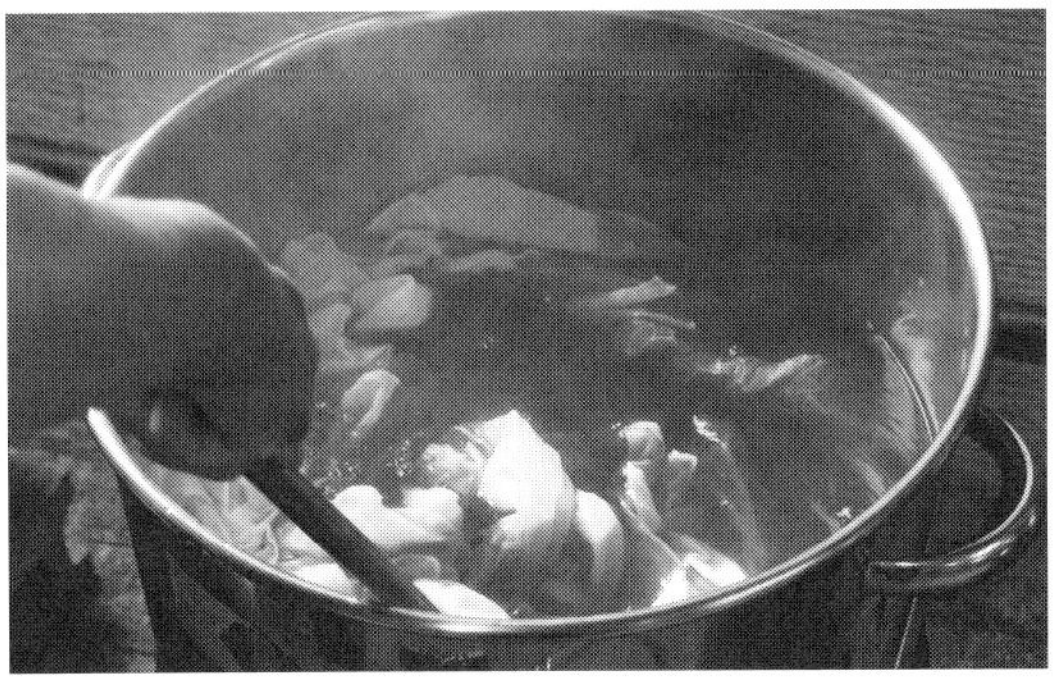
ウルシ材染液による織布の染色

ウルシ材染色布の媒染

④染色布の媒染

媒染剤を入れた水溶液に浸けることで染色布の媒染を行なう。媒染は染色の後に行なう後媒染が一般的であるが、染料や織布によっては染色の前に行なう先媒染も行なわれる。媒染は染色布の発色・定着のための工程である。

草木染め、とくに色素成分がポリフェノール成分である場合は、一般に染色だけでは色落ちしやすいことが知られており、色の定着のために媒染が広く行なわれる。また、媒染によって発色が大きく変化することからも重要な工程といえる。

媒染剤としては金属塩が用いられ、古くは鉄やアルミニウムを含んだ灰や泥が用いられてきた。奄美大島の伝統的工芸品である大島紬で行なわれる「泥染」では、テーチキ(シャリンバイ)を染料として絹を染色し、鉄分を多く含む泥田で媒染が行なわれる。

草木染めで用いられる代表的な媒染剤としては、明礬《みょうばん》、木酢酸鉄、酢酸銅などがあり、金属塩の種類により発色が大きく異なる。用いた染料によっても違いがあるが、一般に明礬などのアルミ系媒染剤では黄色、木酢酸鉄などの鉄系媒染剤では黒色、酢酸銅などの銅系媒染剤では赤褐色に発色する。

加熱により媒染剤が変質することがあるため、媒染は室温から50℃程度で行なわれることが多い。媒染後は染色布をよく水洗して余分な媒染剤を洗い落とす。

⑤仕上げ

ウルシ染めでは、最後に染色布のアイロン掛けを行ない、織布のシワを伸ばして乾燥を行なっている。

【繊維の種類と発色の違い】

草木染めは繊維の種類によって、染色・媒染による染まりやすさや発色が大きく異なることが知られており、ウルシ染めの場合も同様である。

色々な繊維が織り込まれた多織交織布を、ウルシ材で染色した写真を左に示す。ウルシ材に含まれる色素は黄色いことから全体的に黄色く染まるが、繊維によって色の濃さが大きく異なる。

また、綿、アセテート、レーヨンでは、薄いながらもある程度着色するが、アクリル、ポリエステルはほとんど染まらない。この染色布をアルミで媒染すると、色味は黄色のまま全体的に濃色になり、とくに綿、レーヨンで濃色化する。鉄で媒染した場合は、色味は灰色から黒色にがらりと変わり、ウール、絹では深い黒褐色に発色する。また、銅による媒染では、色味は赤褐色に一変し、ここでの濃色化はウール、絹に加えてアセテート、レーヨンにおいて顕著である。

このように、ウルシ染めは用いる繊維や媒染剤によって、染

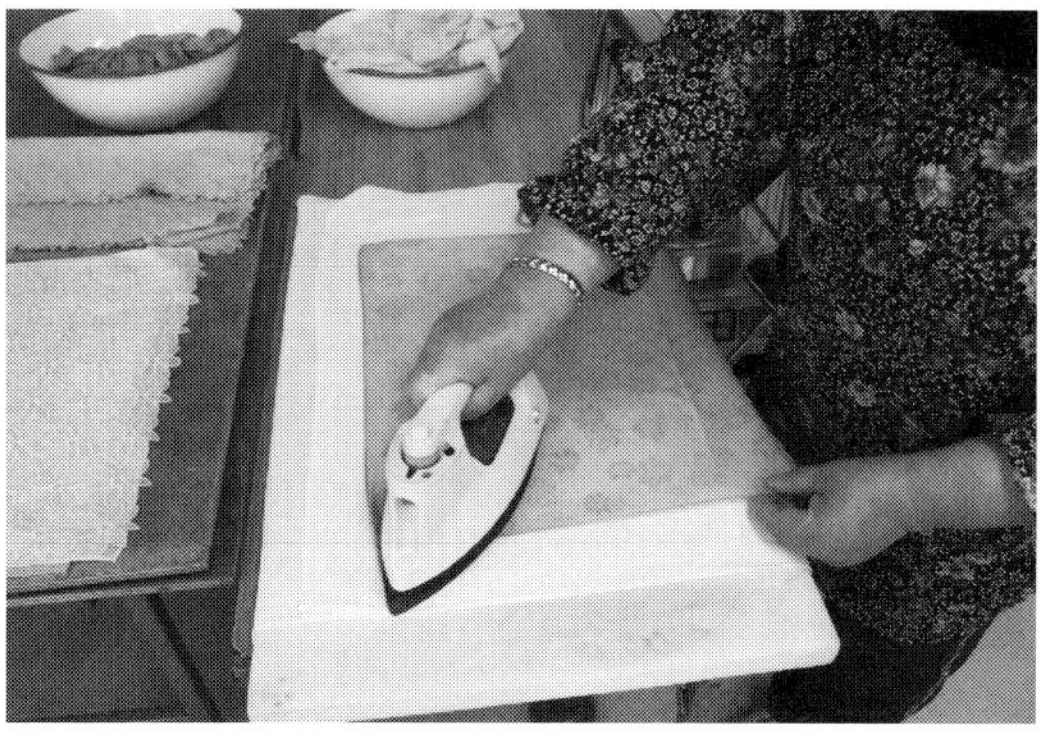

ウルシ材染色布のアイロンがけ

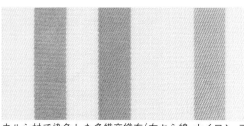

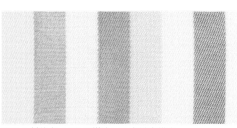

ウルシ材で染色した多織交織布（左から綿、ナイロン、アセテート、ウール、レーヨン、アクリル、絹、ポリエステルが織り込まれている。ナイロン、ウール、絹では、濃色に染まり、染色性が良いことがわかる）

ウルシ材染色・アルミ媒染した多織交織布

ウルシ材染色・鉄媒染した多織交織布

ウルシ材染色・銅媒染した多織交織布

色性や色味が異なるので注意が必要であるが、これらの組合せや染色・媒染の繰り返しによって、さまざまな色合いや風合いを引き出すことができる。また、一般的な絞り染めなどの技法を用いることもでき、ウルシ染めにおいてさらに多彩な表現ができると考えられる。

【ウルシ材の有効利用としてのウルシ染め】

現在ほとんど利用されていない漆液採取後のウルシ材であるが、上述したように伐採量が限られており、径が太く、通直《つうちょく》で長い材が得にくいことからも、他の木材と同じような利用を進めることはかなり難しいと考えられる。

ウルシ材を利用していくためには、〝ウルシ材ならでは〟の特徴を活かした、他の素材では真似できない用途が重要と思われる。本稿では主にウルシ材による染色について紹介した。

ウルシ材による染色は、現状で原料面からも利用可能であり、ウルシ材の特徴を活かした優れた利用法の1つと考えている。合成染料には決して真似できない、天然染料ならではの色味や風合いがあり、ウルシ材という素材の魅力を伝えることができるものと思われる。ウルシ材の染色利用は、現状では限られたものではあるが、漆塗りや漆器以外にもウルシという植物が持つ有用性や魅力をアピールできるものと考えている。

（橋田　光）

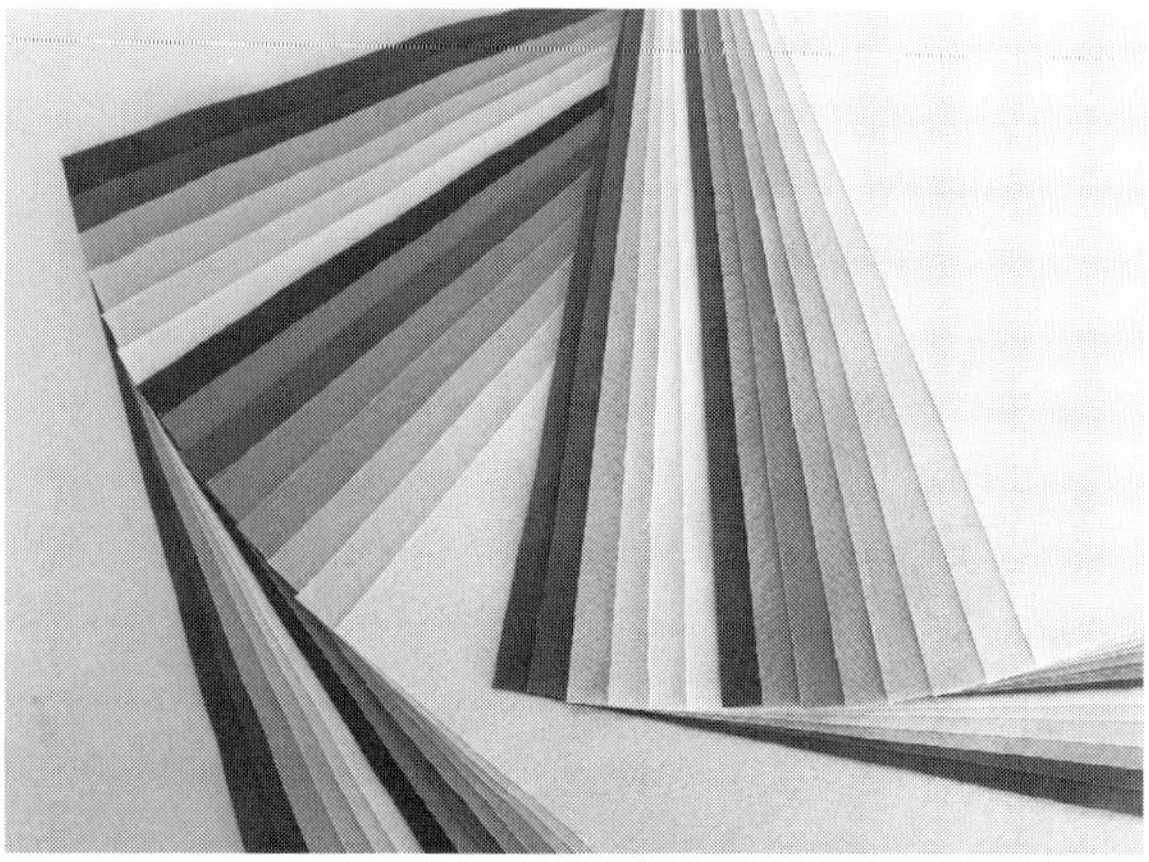

ウルシ材染色布

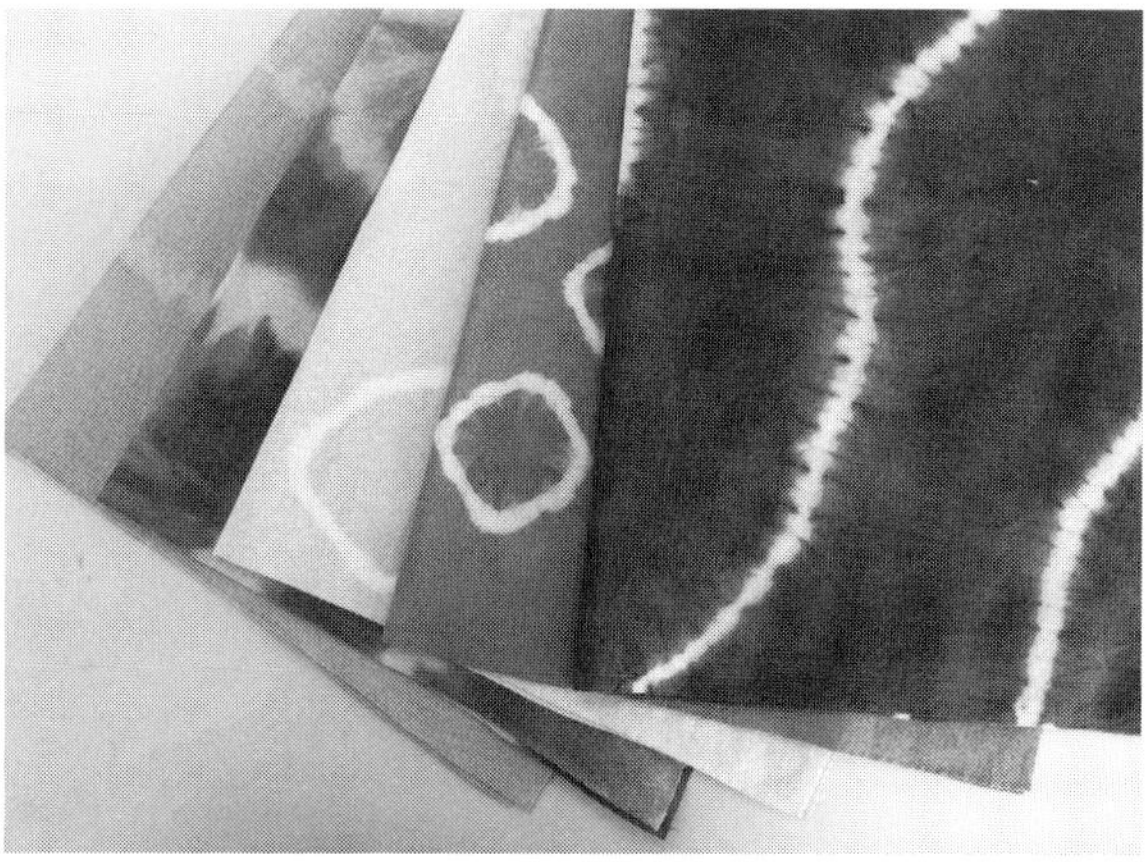

絞り染めしたウルシ材染色布

ウルシの果実の利用――ウルシ蝋

ウルシには雌雄がある。雌には実が成り、かつてはこれを搾って蝋を採っていた。これをウルシ蝋という。人間によるもう1つのウルシの利用である。蝋は鬢付け油など化粧品のもとにもなるがロウソクに使われるのが一般的であった。

ウルシ蝋の歴史

●文献にみる二戸地方のウルシ

【南部藩の文書から】

漆蝋がいつ頃から使われたのかは明らかではないが、現代まで漆掻きと漆器生産が続く岩手県北部の浄法寺を中心とする二戸地方では大正末期から昭和初期までは確実に継承されていた。それではいつ頃はじまったのだろうか。文献資料から見てみたい。

藩政時代の初期、盛岡(南部)藩の2代藩主南部利直(1599〜1632年まで藩主)が、家老の毛馬内三左衛門へ宛てた書状の一部に、「漆をふかくかき候間、木も枯候。また枯れぬ木もいたみ候て、ミがならず候。漆ハ一盃ニはいすくなく出候共、木のかれぬ様に仕候へと、可申付候。」(「南部藩家老席日記(雑書)」句読点は引用者)とある。当時既に藩の方針として、漆を掻くときに、実に配慮した養生掻きを奨励していたことがわかる。また、「盛岡藩家老席日記(雑書)」の1646(正保3)年2月24日の条に、「一戸蝋懸藤兵衛」という記録がある。蝋懸とは蝋を搾る作業のことであり、江戸時代初期に既にそれを生業とする人がいたことを示している。

藩政時代の産物は許可なく他藩への持ち出しが禁止されていたが、同じく「雑書」の1645年(正保2)の条に「領内通御留物之事」(「御留物」とは、藩外への持ち出し禁止のものをさす)のなかに蝋と漆が含まれている。1652(承応元)年には秋になると「漆かき奉行」が命じられ、それぞれの担当区域から「掻き漆」と「ウルシの果実」が集められたことが、その量とともに記されている。それによると南部藩のうちで最も量が多いのは二戸地方で、藩全体のほぼ半分近くを占めている。以上から江戸時代初期から南部藩では掻かれた漆とともにウルシの実も重要な産物となっていたが、その中心は二戸地方だったことがわかる。

二戸地方のウルシの本数が記録された文献がある。1862(文久2)年の福岡代官所管内の漆の本数を記した「福岡御支配所惣漆木留帳」で、それによると小鳥谷《こずや》村が圧倒的に多く、次いで楢山村、姉帯《あねたい》村、福岡村と続き、以上の4か村はいずれも8000本以上となっている。

【江戸後期の各種紀行文から】

このことは当時奥州街道を通った人のいくつかの紀行文（いずれも江戸後期以降の記録）でも確認できる。

三河国（愛知県）生まれの紀行家菅江真澄は、東北地方を長く旅しているが、1788（天明8）年、二戸地方を2回目に訪れた際、現在の二戸市の米沢周辺の景観について、「このあたりの山岨《やまそわ》みなはたけにて粟、稗のみを作りて、あげ田（乾田）、くぼ田（湿田）はひとしろもなく、うるしの梢しげりあひて、みちも畑もいとくらし」と記述している（『菅江真澄全集』未来社　菅江真澄は1785（天明5）年と1788（天明8）年の2回、二戸地方を訪れている）。

「寛政の三奇人」といわれた高山彦九郎は、1790（寛政2）年に、九戸村の長興寺から一戸町の楢山に入っているが、その途中で「中屋敷村此の辺畑の間へうるしの木を立ツ」とあり、畑の間にウルシが植えられているとしている（高山彦九郎『北行日記』）。

1799（寛政11）年、蝦夷地調査隊の一員として植物調査にあたった医師の渋江長伯が記した旅行記『東遊奇勝』では、蝦夷地から江戸への帰路、一戸から沼宮内（岩手町）までの日程の中で、「三ノ戸から一の戸、小繋に至る之間、道傍尽く漆樹之植えたり」とある（渋江長伯『東遊奇勝』山崎栄作）。

東北地方をまわり、嘉永5年3月に一戸に宿泊した吉田松陰は、「（略）過蓑坂。経金田一福岡。越末松山。宿一戸。行程七里。而甚遠。一戸々数三百。魚塩仰之八戸。此近諸村皆然。福岡一戸。米粟稗豆及漆林。称最多。漆税毎株銅銭四孔（以下略）」。福岡や一戸には米、粟、稗、豆のほかにウルシ林が多いことと漆税についても記している（吉田松陰『東北遊日記抄』）。

【明治以降の記録】

明治になると、1876（明治9）年と1881年に巡幸があった。「小鳥谷村に入る。この辺には漆を多く作りたる田畑も多くありて……」（『明治九年岩手県御巡幸録』）。同じころアメリカ人のエドワード・モースが、福岡近辺でウルシが描かれた図とともに裸の男が胴木にのって漆蝋を搾っている様子を紹介している（E・S・モース『日本その日その日2』）。

1881年には、ロシア人宣教師のニコライが、勤務地の函館から東京へ移る際の日記を残している（『宣教師ニコライの日記抄』）。「一戸へ近づくと、いたるところにウルシが見える。切り倒されたのからまだ若くて大切に保護されているのまで、漆はこの地からたくさん売り出されているに違いない。（略）」。

このように、明治以降の記録にも、奥州街道沿いの村々でウルシが多かったことが記録されている。残念ながら、奥州街道沿い以外の記録は確認できないので、比較はできないが、少なくとも二戸地方は他地域に比較してウルシが目立って多かったことは確かなようである。

【漆液とウルシ蝋】

先述したように「福岡御支配所物漆木留帳」には、二戸地方のウルシの本数が記されているが、この中で興味深いのは、漆掻きが盛んな地域である浄法寺を中心とする安比川沿いや、浄法寺に隣接する一戸町の鳥海地区には、ウルシが比較的少ないことである。この地域も、漆掻きがさかんで職人も多い地域である。

さらに、明治以降の記録であるが、「岩手県管轄地誌」によれば、二戸郡内で漆液は17か村で生産されているが、漆蝋については7か村しか記録がなく、そのなかに一戸町の小鳥谷・姉帯なども含まれている。主として漆を掻いて液を収穫する地域とウルシの実を収穫する地域は、厳然と区別できるものではないかもしれないが、ウルシの本数の多い地域は、ウルシの果実を優先的に採取していた地域だった可能性もある。最近でも、ウルシが多く生育している姉帯では、太いウルシが多いともいわれる。

●ウルシ蝋の調査

岩手県北部に位置する一戸町教育委員会では、1987（昭和62）年からウルシ蝋についての聞き取り調査と道具の収集を始めた。当時は既に蝋締めそのものも途絶えていたし、そのことを知っている人もほとんどいなかったが、ウルシ蝋が行なわれた大正末から昭和初めの様子についての記憶がある数名からの聞き取り調査を始めた。年齢的にも蝋締めの情報を知っている最後の人たちだったようで、聞き取り後、あるいは聞き取りの途中で亡くなった方もいた。そういう意味ではウルシ蝋について調査できる最後の時期だったのかもしれない。

一方蝋にかかわる道具は、当時の二戸市の歴史民俗資料館と浄法寺町歴史民俗資料館（現二戸市）で収蔵していたが、いずれも部分的で、実の収集から蝋絞り、さらにロウソクの製作までの全工程をあらわすことはできなかった。そこで一戸町では改めて民俗調査としての道具を収集することにしたものである。

以上の聞き取り調査と民俗資料、さらに関連する古文書をあわせて収集し集大成したのが「岩手県北地方の漆蝋」（一戸町教育委員会）である。この調査報告書をもとに、一連の民俗資料83点が、2006（平成18）年に、岩手県有形民俗文化財に指定されている。

その後、2008年になってから、往時に蝋締めを大々的に行なっていた農家の蔵から、搾った蝋を入れるソネと蝋のかたまりが見つかっている。

蔵にあった44個体を整理したところ、1812（文化9）年から1884（明治17）年までにつくられたことが判明した。

製蝋の工程

●製蝋の3つの工程

漆蝋をめぐる調査や得られた民俗資料をもとに、漆蝋を製造する工程を再現してみたい。製造工程はウルシの実を採取する工程(A)と、その実から蝋を搾る工程(B)、さらに漆蝋を原料としてロウソクをつくる工程(C)の3つに分けて考えることができる。

調査により、図1にある工程のうち、蝋締めは、Aの工程だけを行ない「蝋締め」はしない家と、AからBまで連続して行なう家と、さらにBだけを行なう家とがある。さらに搾られた蝋からロウソクをつくる場合、「蝋締め」をして、そのまま自家でロウソクをつくる場合と町内のロウソク屋に原料として売る場合、さらに会津地方など遠方に出荷する場合とがある。

町場の商店、もう1つは農村部での農家の場合である。

図1　製漆の工程

A) ウルシの果実を採る➡ウルシの実と枝の仕分け➡叺《かます》に入れる

B) ウルシの実を搗《つ》く➡コオロシでふるう➡セイロで蒸す➡蒸した粉をかごに入れる

かごを胴木の間に入れる➡間にコマとクサビを入れる➡両側からカケヤを振り下ろして搾る➡蝋が液となってフネに流れて溜る

C) 漆蝋からロウソクをつくる

3つの工程のうち、農村部ではAからB、街場ではBのみ、あるいはBからCの工程が行なわれる。ちなみに調査では、「蝋締め」をする家は、福岡町で8軒、一戸町で4軒、石切所村で1軒、浄法寺町で3軒、小鳥谷村で2軒、姉帯村で1軒を確認している。

●道具からみた製蝋工程を追う

二戸地方の製蝋道具は、現在岩手県指定有形民俗文化財となっており、その道具により木ウルシの実を採集して搾ってからロウソクにするまでの工程を一通り説明できる。道具を中心にして製造工程を追ってみたい(次ページの図2)。

【漆の果実の採集】

①ウルシの果実切り

ウルシの果実は晩秋から初冬にかけて採集する。秋になって最初に紅葉するのがウルシであり、葉も早くなくなり、11月になるとほとんど実だけがぶら下がるようになる(写真1、2)。その実を採取するために使われるのがウルシの実切りである(図3)。

先端部は鉄でつくられており、それに2m近い長い柄がついており、高所で下から突きあげて果実を切りおとす道具である。なかには自然に落下するのもあるがそのまま翌春になってもぶら下がっているものもある。

図2　ウルシの実を採ってから搾るまで

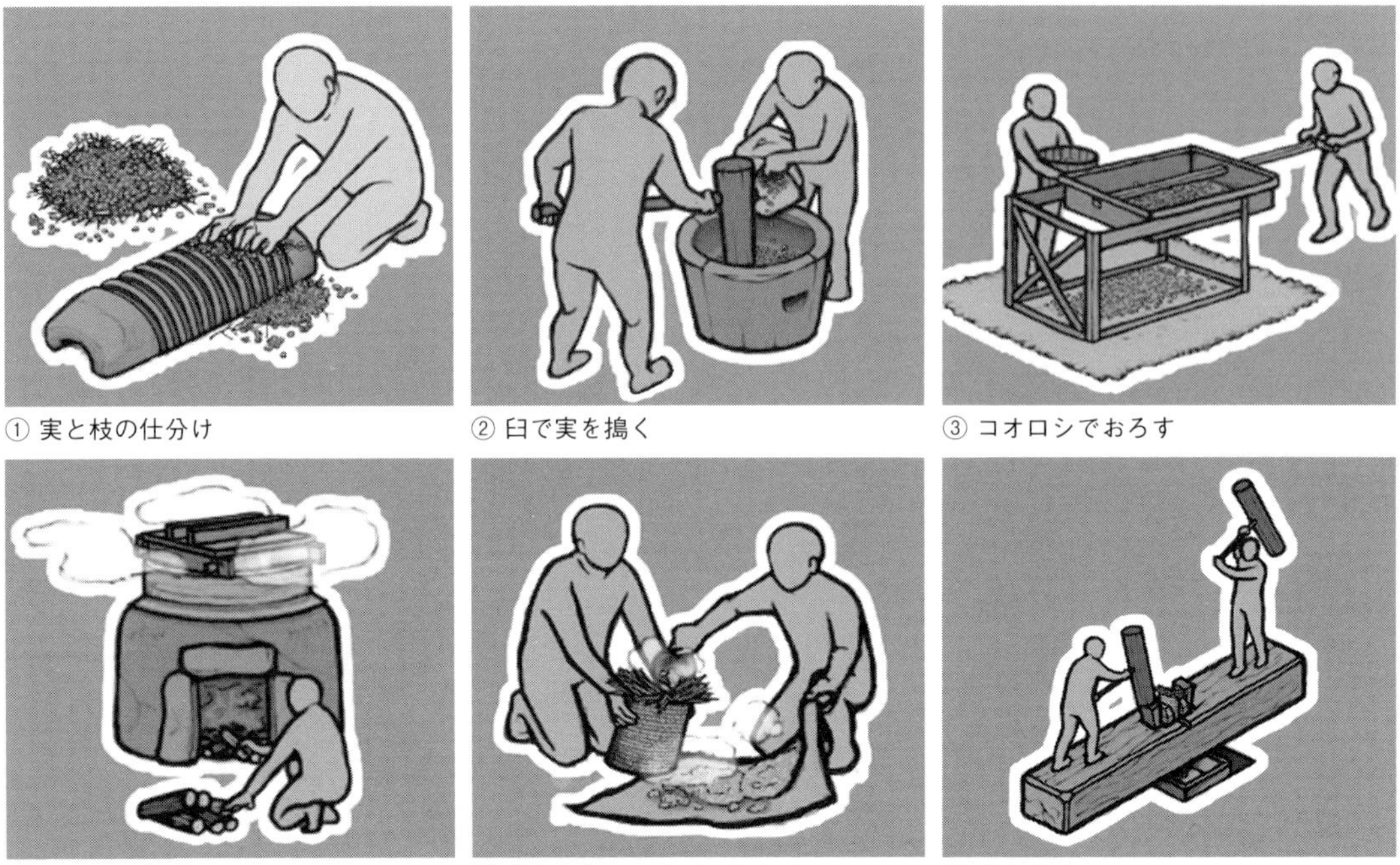

① 実と枝の仕分け　② 臼で実を搗く　③ コオロシでおろす
④ セイロで蒸す　⑤ 蒸したものをカゴに入れる　⑥ 蝋を搾る

『縄文から続く北の漆文化』（御所野縄文博物館 2007より）

②果実を入れる大コガ

集めたウルシの実を入れる大きなコガである。カゴに入った枝付きの実をそのまま一時的に入れるものである（写真3）。通常のみそコガなどよりはひとまわり大きい直径110m、高さ99㎝となっている。

③もみ台

房状のウルシの果実をこの上に載せ、手で押して1粒ずつに

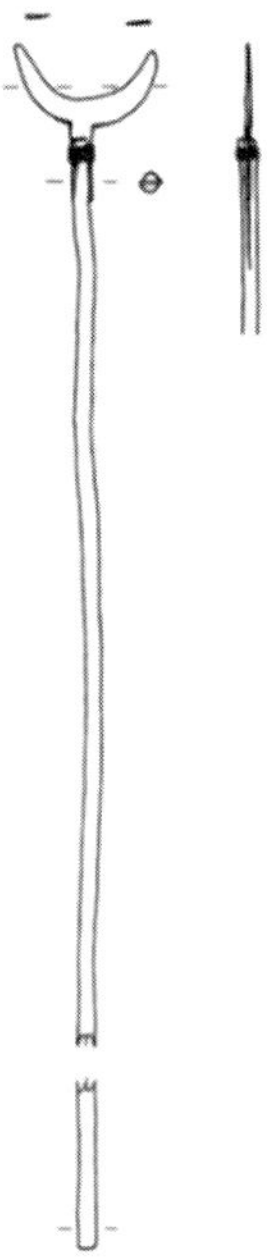

図3　ウルシの「実切り」

写真1　ウルシの果実

写真2　木の果実切り

写真3　果実を入れる大コガ

写真4　もみ台

ばらす。１m以内で10～20本ほどの溝が掘りこまれている（写真４）。

【蝋を搾る】

④臼と杵

臼も杵も特徴があり一般的な餅つき用のものとは異なる（写真５）。臼はいずれも径60～70㎝と大きく内部の掘り込みが内湾気味に横に深く抉られているものが多い。搗かれた実が飛び散らないように工夫したものと思われる。

杵は比較的柄が短く、槌の部分が幅広い。これは真ん中にある種とそれを包んでいる果肉とを分離し、果肉はさらに粉状にする。蝋は果肉の部分に付着している。

⑤コオロシ

臼で搗いた果実をふるいにかけて蝋分を含む皮と実とを仕分けるもので、四角い台に搗いた実を入れて前後にゆすりながらに仕分ける。中の網は竹で編まれている（写真６）。

⑥釜・セイロ

コオロシでふるいにかけられた蝋分と皮を布に入れて蒸す道具である。中央には大きな釜とそれに合うセイロがセットで据え付けられているが、径70㎝以上の大きな釜である。

⑦蝋袋と詰め桅

蒸した皮と蝋は木製の詰め桅で蝋袋に詰める。蒸したら冷めないうちに手早く入れて絞らなければならないために、この詰め桅は木

写真6　コオロシ。底は網になっている

写真5　臼杵と釜、セイロ

製にしたものと思われる。二戸地方は竹細工の産地ということもあるが、竹は蝋分があまり附着しないし滑りがいい。ただ竹製の蝋袋は、痛みが激しく2回までしか使えない(図4、写真7)。

⑧胴木

長さ3m弱の2人用の大型の胴木である(写真8、図5)。中央に33×16㎝幅の穴があり、その中に真ん中に蝋袋を入れて左右にコマとヤ(クサビ)を差し込み、槌でクサビを上から打ち込んで搾る。蝋分は、胴木中央と穴の横にある刻みを伝わって下に流れ落ち、胴木の下に置かれたフネにしたたり、溜まる。材質はケヤキである。

⑨コマ・ヤ(クサビ)

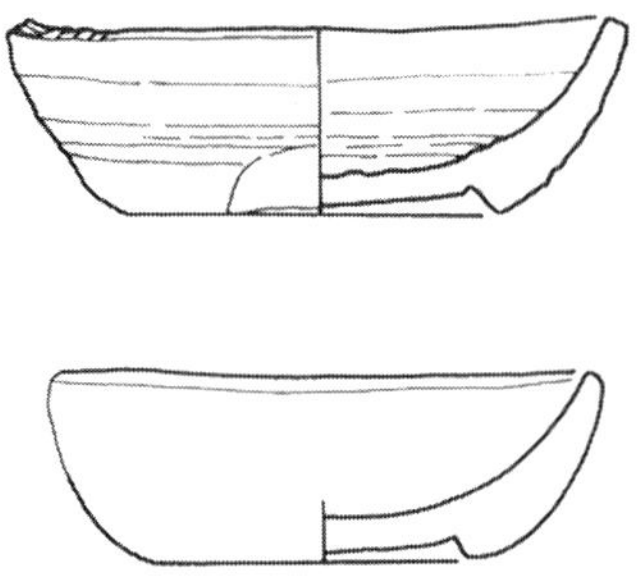
図4　詰め椀の図

写真7　詰め袋。竹製のもの

蝋袋を両側から抑えるのがコマ(写真9)、その外側に差し込むのがヤ(写真10)で、ヤを上から徐々に打ち込みながら狭めて袋のなかの蝋分を搾る仕組みとなっている。

⑩槌

槌(写真11)は蝋搾りの際に、上に振り上げてヤを打ち込む道具であるが、重量が20㎏以上もあり、力持ちでなければ持ち上げることはできない。それだけ蝋搾りは大変だったことがわか

写真8　「蝋締め」の装置。槌2本と胴木にセットされた蝋詰めとコマとヤ(クサビ)

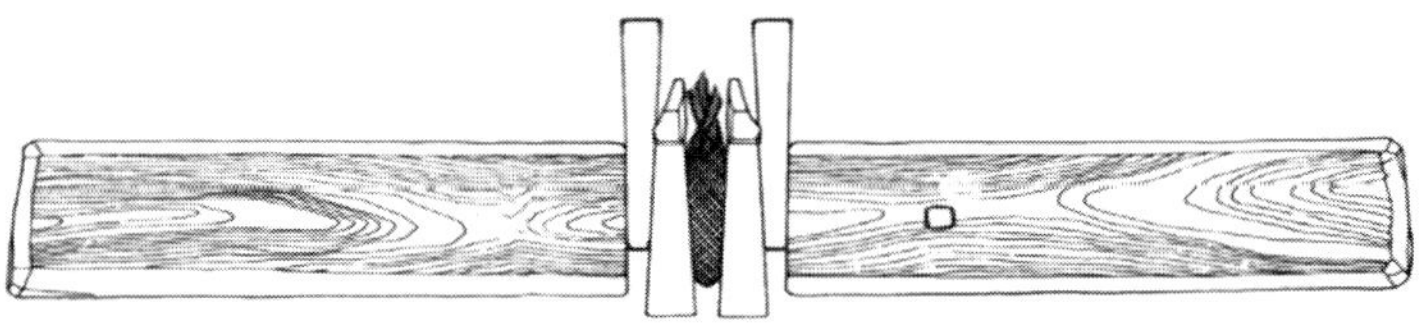
図5　蝋締めの装置。胴木と蝋詰めを挟むコマ、コマと胴木の間に打ち込まれたヤ(クサビ)

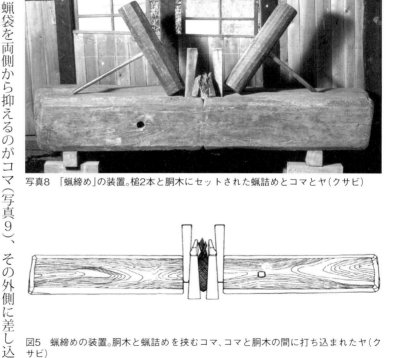

写真9　コマ

写真10　ヤ（クサビ）

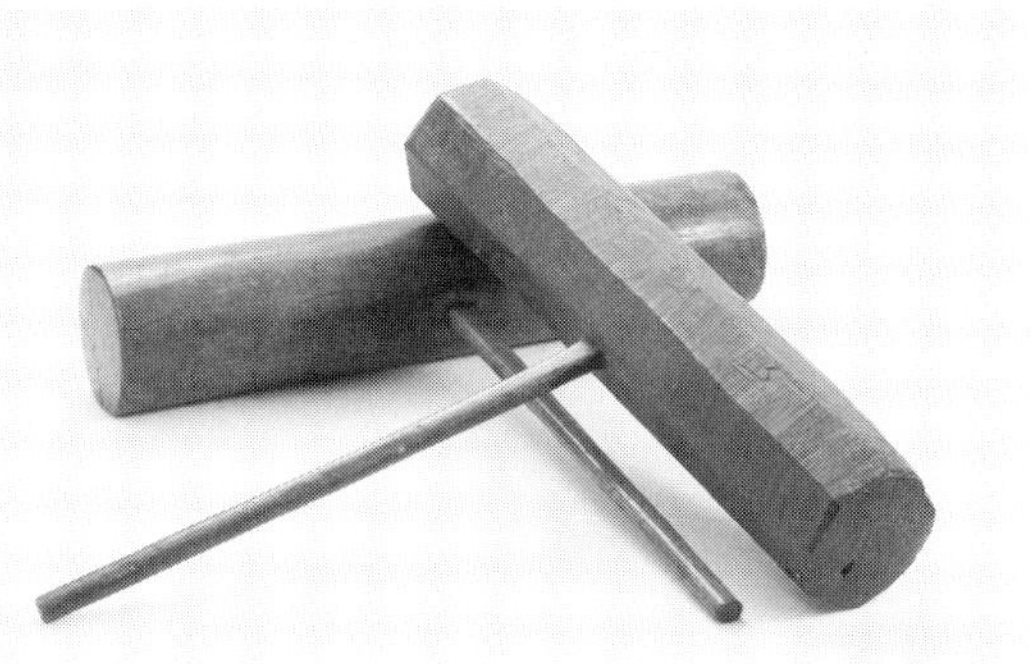

写真11　槌

写真12　フネ

る。

⑪フネ

フネ（写真12）は、長さ50㎝、幅25㎝、高さ30㎝の箱で、5枚の板を組み立ててつくる。固まった蝋を取り出しやすくするために、簡単に解体できるようになっている。フネの中に搾った蝋を溜める。残存している蝋のかたまりから推測すると、二十数回搾って箱いっぱいになる計算である。フネの中に入った液体が、冷却して固形になったら、フネ箱は解体して四角になった蝋を取り出す（写真13）。

写真13　フネから取り出した蝋のかたまり

【ロウソクの製作】

①蝋鍋

蝋の固まりを小さく砕き蝋鍋に入れて炉にかけて溶かす。溶けて液体となった蝋は蝋鉢に移す。ドロドロになった蝋を移しやすいように鍋には片口がついている（写真14）。

②蝋鉢

溶かした蝋を蝋鍋から移して串に何度もかけて次第に太くしてロウソクを徐々に太くしていく（写真15）。

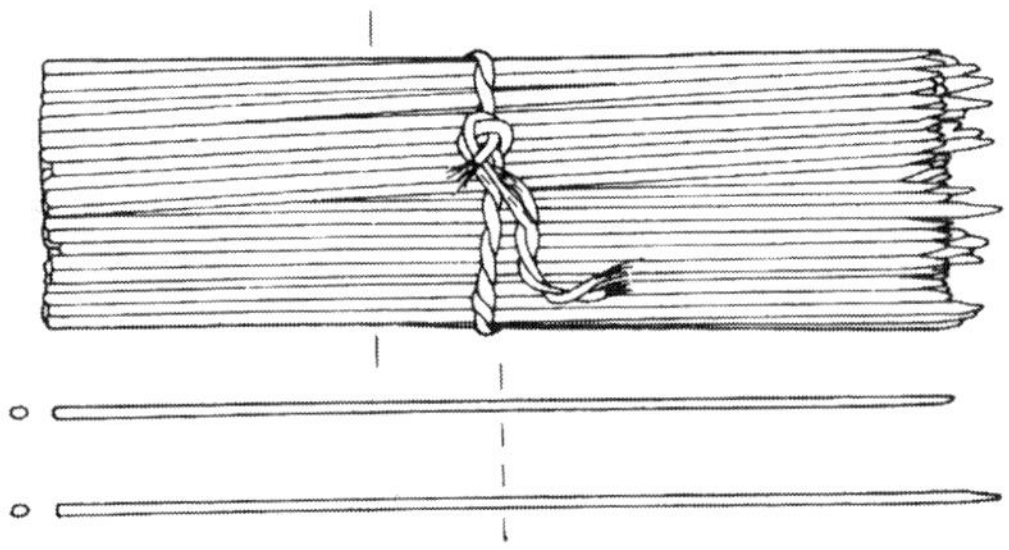

図6　芯巻き串

写真14　蝋鍋

図7　蝋かけ串

写真15　蝋鉢

④蝋かけ串

ロウソクをつくる工程で串を用いるのは2回ある。芯を巻く場合と蝋をかける場合である。この2種類の串は明らかに区別されている。芯巻き串のほうが蝋かけ串よりやや太い(図6、7)。

福島県会津地方では竹串を抜き取った芯を100本ほど束ね、溶かした蝋に入れて芯を固めている。固まった芯をもう一度竹串に差し込んで蝋をつけだんだん太くする。和ロウソクは西洋ロウソクに比べて火勢が強いのは西洋ロウソクに比べて芯が太く、しかも中空の芯が空気をよく吸い上げるからである。

蝋搾りの工程を、明治の初めに日本に来たあるアメリカ人が詳細に記録している。このアメリカ人はエドワード・S・モースという動物学者で、日本で初めて本格的な発掘調査した人として知られている。日本に滞在していた5年間に全国を回っているが、その中の函館から江戸への帰路でのひとこまであった。

エドワード・モースによる蝋搾りの絵

「一軒の家の前を通った時、木の槌を叩く大きな音が私の注意を引いた。この家の人々は、ぬるでの一種の種子から取得する植物蝋を作りつつあった。この蝋で日本人は蝋燭を作り、また弾薬筒製造のため、米国へ何トンと輸出する（中略）。ここ、北日本でも同国の他の地方と同じように、この蝋を作る。
先ず種子を集め、反槌で粉末にし、それを竈に入れて熱し、竹の小割板でつくった丈夫な袋に入れ、この袋を巨大な材木にある四角の穴の中に置く。次に袋の両側に楔を入れ、2人の男が柄の長い槌を力まかせに振って楔を打ち込んで、袋から液体蝋を搾り出す。すると蝋は穴の下の桶に流れこむこと、図に示す如くである」。このように、モースは絵で示しながら的確に蝋締めの様子を描いている。

ウルシ蝋文化の掘り起しと蝋搾りの再現

【ウルシ蝋に関する民俗調査の実施】

岩手県二戸地方は少なくとも近世以降盛岡藩の漆の主要な産地であった。とくに「浄法寺」という地名は漆掻きということで関係者にはよく知られていた。

一方、ウルシの果実を利用する漆蝋については、南部藩の家老日記である『南部藩家老席日記（雑書）』などにも「漆実、生蝋、晒蝋、蝋」などと記録されており、掻き漆とともにウルシの果実も近世初期から藩にとっては重要な産物だったことがわかる。

ところが大正末期から昭和初期にかけて西洋蝋燭の普及とともにウルシ蝋は途絶えてしまった。昭和10年代までは資料も多く、ウルシ蝋が継続されたことは確実であるが、残念ながらその実態はあまり明らかではなかった。

そのことを取り上げて本格的に調査したのが元岩手県文化審議会委員の工藤紘一先生である。先生はもともと県立高校の教諭であったが、１９８５（昭和60）年に一戸高等学校に赴任している。前職が岩手県立博物館で民俗担当の学芸員だったこともあり、一戸町教育委員会ではさっそく文化財調査専門員に委嘱して、町内の民俗調査をお願いした。

その1つが１９８７年に始めた漆蝋の調査であった。まず、昭和初期までにウルシ蝋について知っている人を探し出して聞き取り調査をする一方、用具の収集を始めている。幸いそれぞれの調査で成果が得られ、『岩手県北地方の漆蝋』としてまとめている。収集した用具は、２００６（平成18）年にそれまでに浄法寺町歴史民俗資料館や二戸市歴史民俗資料館で保存していた用具とともに、83点が岩手県有形民俗文化財に指定された。その後、一戸町の姉帯《あねたい》地区で蝋締めをした家の蔵に、大量のフネや蝋の現物が残存していたことが判明した。調査した後71点が同じく岩手県指定有形文化財に追加指定されている。

【ウルシ蝋搾りの再現】

以上から二戸地方のウルシ蝋については少しずつ内容も明らかになり道具もそろってきたため、御所野縄文博物館では80年以上前に途絶えた蝋絞りを再現することになった。再現にあたっては当然道具一式を新たに製作し、調査で確認した作業工程に沿って、実をつぶして蒸し、それを竹製の蝋袋に入れて胴木の真ん中の穴に入れ、コマやヤを上から差し込んで一気に搾ってみた。実験は2回実施しており、2008年度に行なった2回目では、大量の蝋を搾ることができた。

こうして、近世以降二戸地方で行なわれていたウルシの果実から蝋を搾り、蝋燭や化粧品などに使われた漆蝋文化の実際の姿を、聞き取り調査や収集した道具などの情報から、具体的に再現することができたのである。

（高田和徳）

日本での生漆生産量

2016年11月3日に開催された日本漆アカデミーによるシンポジウム「国宝・文化財建造物の保存・修復を考える」のなかで、林野庁特用林産対策室長による「国産漆の生産の現状と課題について」と題する報告がある。その報告で示された資料によると、日本国内の生漆生産量は以下の表にみる通りとなっている。

ちなみに、同じ林野庁による特用林産基礎資料で2015（平成27）年の生漆の輸入量をみると、42,245kg（前年比4.1％増）で金額にして2億3063万5000円（同10.8％増）である。輸入先は、その前年と同じく中国のみで、ベトナム、ミャンマー、タイなどからの輸入はない年であった。

（出典：日本漆アカデミー運営委員会編「日本漆アカデミー報告書　2016」）

生漆生産量の推移　（単位：kg）

府県 注1	昭和41年以降・10年毎の推移 昭和41（1966）	51（'76）	61（'86）	平成8（'86）	18（2006）	直近5年間の推移 23（'11）	24（'12）	25（'13）	26（'14）	27年（2015）		〔参考〕27年ウルシ林面積（ha）	
岩手	3,140	3,310	3,330	1,850	840	1,019	1,024	651	645	821	69%	278	85%
茨城	1,805	1,343	1,120	830	240	173	187	205	154	178	15%	25	8%
栃木 注2	315	102	144	86	120	120	120	100	120	120	10%	1	0.4%
長野	−	−	24	25	−	−	45	28	38	24	2%	1	0.2%
山形	−	100	10	59	3	17	25	27	24	15	1%	1	0.4%
福島	240	39	10	12	17	8	14	16	13	12	1%	14	4%
岡山	550	50	−	41	5	−	−	2	1	6	0.5%	6	2%
京都	−	19	−	−	1	4	5	8	3	5	0.4%	0	0.1%
石川	109	10	0	−	−	−	11	7	5	1	0.1%	0	0.1%
その他 注3（該当県数）	440（3）	442（6）	522（6）	287（2）	101（2）	4（1）	7（2）	2（1）	−	−		−	
計	6,599	5,414	5,160	3,190	1,326	1,345	1,436	1,045	1,003	1,182	100%	326	100%

注：

1　平成27年の生漆生産量（1,182kg、対前年比17.8％増、ウルシ林面積326ha）。各府県の記載順は平成27年の生産量が大きい順による。

2　生産量は生産者の所在県ベースの量であり、近年の栃木県分の生産量は大部分が茨城県内のウルシ林から生産。

3　「その他」には、青森、新潟、福井、岐阜、愛知、鳥取、徳島、福岡及び長崎の9県が該当。

4　ウルシ林の面積は、生産、収穫を行なっている箇所（収穫期に達していない栽培地、施業地を含む）の面積を計上。

資料：特用林産基礎資料（林野庁から各都道府県への照会により集計）

6章

漆液の採取と精製

漆の採取（漆掻き）

漆液採取とは

●漆の産地

岩手県北部に位置する二戸市浄法寺《じょうぼうじ》町は、全国に知られる「浄法寺漆」の産地であり、この町を中心とした地域で日本産漆の約7割を生産している。

次いで生産量の多いのが茨城県の常陸大宮市や大子町などを含む奥久慈地域で、日本産漆の約2割はここで生産される。ウルシは、岩手県二戸市や茨城県奥久慈地域のほかに、北は北海道網走市から南は高知県大豊町まで植栽され、日本各地で漆が採取されている（P14参照）。

●「養生掻き」と「殺し掻き」

ウルシから漆を採取することを「漆掻《か》き」という。漆を「掻く」とは、ウルシの幹に一文字に傷を付けた際に、樹体がその傷を治すために分泌する漆を、掻きとって採取する作業である。江戸時代には、蝋燭《ろうそく》の原料となるウルシの果実を多く採取する必要があったため、ウルシを育てながら、数年に一度の頻度で漆を採取する「養生《ようじょう》掻き」と呼ばれる方法が行なわれていた。

明治時代に入ってから、福井県の漆掻き職人が出稼ぎで漆掻きを行ない（越前《えちぜん》衆《しゅう》と呼ばれた）、多くの漆を採取するために「殺《ころ》し掻《が》き」を行なった。「殺し掻き」とは、1年で漆の採取を終え、その後は漆を掻いた（採取した）木を伐採するものである。伐採後、実生苗を植栽あるいは切株から新芽が出て、15年程度で再び漆掻きができるようになる。

漆掻き

この「殺し掻き」が「養生掻き」に比べ、採取量が多く、収入も多かったため、その後「殺し掻き」が福井県以外の漆掻き職人にも定着したものと考えられる。現在、二戸市では「殺し掻き」を行なっている。今では、「養生掻き」は日本ではほとんど行なわれていないが、中国やベトナムなどでは行なわれている。

●採取量の目安

岩手県二戸市では、ウルシの樹齢は15～20年といわれ、漆が採取できるのもこの期間とされている。ウルシ1本当たりから採れる漆の量は、約200gで、これは牛乳瓶1本に相当し、

大変貴重なものとなっている。

一方、茨城県常陸大宮市などでは、最近、ウルシの樹齢は8〜10年に漆が採取される場合がある。漆掻き職人は、1年に約400本のウルシから生漆《きうるし》75kg（20貫）を採取すれば、漆掻き職人として一人前だといわれている。

漆掻きの道具、時期及び掻き方

●漆掻きの道具

漆掻きのおもな道具は、樹皮を削るカマ、傷を付けるカンナ、漆を掻き採るヘラ及び漆を入れる掻き樽(タカッポともいう)である。カンナには樹皮に溝をつけるU字形に曲がった刃(呼び名が特にない)と先が鋭く尖った刃(メサシという)がついている。掻き樽は漆掻き職人がホオノキやシナノキの樹皮を円筒形にしてつくる。

漆掻きの道具。左から掻き樽、ヘラ、カンナ、カマ

漆掻きの作業は、カマで樹皮を平らに剝ぎ、カンナのU字形に曲がった刃(以下、カンナの刃)で、ウルシの幹の樹皮に傷を付けた(樹皮に溝を掘る)ところを、さらにメサシで辺材部まで傷を付け、傷口から滲み出た漆をヘラで掬い取って掻き樽に漆を採る。

カンナ。左がカンナの刃、右はメサシ

●採取時期と「四日山」の原則

岩手県浄法寺町で、漆掻きを行なう時期は、6月中・下旬から11月下旬までである。漆掻きには、一定範囲のウルシ林を4等分し、それぞれ1日、計4日かけて漆掻きをして回り、これを繰り返していく。

1年間での傷の付け方

このように、4日おきに(雨天は数えない)傷を付けては漆を

採取していくことを、「四日山《よっかやま》」という。つまり、同じ木を毎日掻くのではなく、別の木に傷を付けて回っている間、４日以上木を休ませることで、良質の漆をより多く採取できるようになる。雨が降っている時や、掻く木が濡れている時に漆掻きをすると、漆の出が悪くなるといわれている。

漆掻きの作業暦

月	旬			作業	内容	漆
6月	初旬			山入り	梅雨入り頃から、ウルシの根元周辺を草刈りして漆掻作業の足場を確保する	
	中旬	辺掻き	初辺	目立て	初めて傷を付ける	
	下旬			上げ山・三辺	ウルシの花が咲く頃で、上げ山から漆の採取をはじめ、採取量は少ない	初漆（はつうるし）
7月	初旬・中旬・下旬			四〜七辺前後	五辺あたりから多くの量が採れるようになる	
8月	初旬・中旬・下旬		盛辺	八〜十五辺前後	梅雨が明け、夏の土用から盆過ぎ頃までは漆の質、量とも最盛期を迎える	盛漆（さかりうるし）
9月	初旬・中旬・下旬		末辺	十六〜二十辺前後	二百十日を過ぎると、朝が冷え込むようになる。葉も色づき始める	末漆（すえうるし）
10月	初旬・中旬		裏目	裏目掻き	落葉を迎える頃、裏目掻きに入る。はしごを使って木の上方まで漆を採取する	裏目漆
	下旬		留め	留め掻き	幹に残った最後の漆を採る	留漆
11月	初旬					
	中旬・下旬	伐採				

●時期ごとの漆掻き作業

【山入り】

漆掻きは、「山入り」という作業から始まる。山入りは、６月上旬頃に、ウルシの根元周辺を草刈りして、風通しをよくしたり、漆掻き作業の足場を確保するために行なわれる。

【初辺（初漆）】

６月中旬から下旬にかけ、ウルシの葉が展開した頃を目安に、初めての傷（辺やヒビともいう）を付ける。この辺付けを「目立て」という。目立ては、漆を採るためでなく、基準となる目印となる傷で、その長さは３㎝以内である。目立ての傷は直径15㎝程度の木なら右側に５か所、一番下の傷は根元から24㎝、その傷から36㎝間隔で樹皮を平らに削ってから傷を付ける。右側の傷と互い違いになるように左側も４か所（または５か所）付ける。目立て後に傷から漆が盛り上がっているような（漆滲出量の多い）木は傷の数を多くすることもある。

２本目（二辺）の傷を付けるのが「上げ山」といわれ、樹皮を少し広め（二辺・三辺付けるあたり）に削った後、１本目の傷から５㎜程度（カンナ幅より少し広い）上の箇所に、目立てよりやや大きな傷（５〜６㎝程度）を付ける。

辺の数が多くになるにつれて、傷の長さが長くなっていく。上げ山までの辺付けは、カンナの刃で傷を付けるだけであり、上げ山から漆を採取する。3本目(三辺)以降の辺付けは、カンナの刃で傷を付けた所に、メサシでさらに傷を付ける。三辺でのメサシの傷は、カンナの刃で傷を付けた真ん中にメサシを挿す程度で、四辺では3分の1程度、五辺では半分程度、六辺では4分の3(両端を残す)程度の傷を付ける。七辺になってカンナの刃で傷を付けた所の両端までメサシで傷を付ける。これは初辺の時期に木にあまりストレスをかけすぎないことが重要で、盛辺以降に採取する漆の質と量に影響するためである。

メサシで傷を付けるやり方は、漆掻き職人によって微妙に異なり、また天候によっても調整する。例えば低めの気温が続く時や雨がなく、高温が続くときはメサシの伸ばし方を少し抑えたりする。木にあまりストレスをかけすぎないことが重要であり、カマで樹皮を剥ぎすぎたり、数日も前にあらかじめ剝いでおいたりすると、その部分が腐ったり漆の出が悪くなる原因になる。また、漆をヘラで掻き採るときに力を入れすぎたり、カンナ傷の両端まで何度もヘラを入れたりすると傷口を痛めて、漆が出なくなる。

6月中旬から7月中旬までに傷付けた、二辺から七辺前後までを初辺《はつへん》といい、初辺までの漆を初漆《はつうるし》という。

【盛辺(盛漆)】

その後、7月下旬から8月下旬の夏に傷付けた、八辺から十五辺前後までを「盛辺《さかりへん》」といい、盛辺までの漆を「盛漆《さかりうるし》」という。盛辺で採れた盛漆は、他の時期に採れた漆に比べ、色や粘りなど、品質が高いといわれている。また、その後9月上旬から下旬に傷付けた、十六辺から二十辺前後までを「末辺《すえへん》」といい、末辺までの漆を「末漆《すえうるし》」という。

【採取した漆の貯蔵の仕方】

採取した漆は毎回掻き樽からに出荷用木樽へ入れ、空気に触れないように蓋紙をする。時期ごとに(初漆・盛漆・末漆・裏目漆・留め漆)樽を分けて溜めていく。1か月間ほど発酵する。醗酵中は蓋紙が膨れ上がる都度ガスを抜く。醗酵が済んだ後は、いったん蓋紙をはずして縁に固まった漆を取り除いてから隙間がないように蓋紙をし直す。

木樽は温度差の少ない涼しい場所(蔵や地下室など)に保管する。長く保管すると目減りして、漆と蓋紙の間に隙間ができる(蓋紙の中央部分が下がる)ので蓋紙をし直す。

【採取時期による品質の違い】

初漆の特徴は水分が多いこと、山吹色を濃くした色であること、臭いを嗅いだ時に酸味のある香りがすることなどであり、一方、盛漆の特徴は、山吹色をしていること、艶がよいこと、ほのかに甘い香りがすることなどで、また、末漆の特徴は、盛漆に比べ白っぽいこと、粘りが強くなること、甘みが盛漆より強くなることなどであるといわれ、それぞれ採れた時期によって、漆の特徴は異なる。

裏目掻き作業のようす

【裏目掻き】

9月下旬までに傷を付けて漆を採ることを「辺掻《へんが》き」といい、辺掻きが終わって約10日後に、傷を付けて漆を採ることを「裏目掻《うらめが》き」という。この時期になると、樹皮が堅くなるので、樹皮を削るカマの代わりに「エグリ」という漆掻き道具を使用する。

裏目掻きでは、辺掻きの最終辺の上部と目立ての辺の下（どちらか1本のときもある）に、樹周の2分の1から3分の1の傷を付けたり、これまで傷を付けなかった幹上に、はしごを使って木の周囲を1周するように傷を付けて漆を採取する。裏目掻きで採れた漆は、「裏目漆《うらめうるし》」といい、裏目漆の特徴は、末漆よりも白っぽく粘性の強いことなどであるといわれる。

【留め掻き】

裏目掻きが終わって10日以上空けた後に行なわれる「留《と》め掻き」は、漆掻きの中でも、木へ最後に傷を付ける作業で、11月上旬から下旬にかけて行なわれる。留め掻きは、これまでに付けた傷と傷（辺掻きと裏目掻き）の間、空いたところに付ける。留め掻きで採れた漆を、「留漆《とめうるし》」といい、その特徴は、裏目漆よりさらに白っぽいといわれる。留め掻きは採算が合わないという理由で、今ではこれを行なう漆掻き職人は少ない。

●浄法寺漆と採取した漆の品評会

「浄法寺漆」とは、浄法寺地域だけでなく、岩手県内と青森県三八地域や秋田県鹿角地域などを採取の範囲とし、受け継がれてきた伝統的な漆掻きの手法で採取された漆である。

この漆は２００８年、岩手県と二戸市が「浄法寺漆」の知名度の向上や付加価値化を目的に創設した「浄法寺漆認証制度」によ

浄法寺漆の荷姿

共進会

共進会での鑑定

って指定され、「浄法寺漆」の認証委員から良好な品質と審査・評価を得ている。

毎年、辺掻きが終わった10月中旬に浄法寺町では漆の品評会（浄法寺漆共進会が開催される。2018年で40回を数える浄法寺漆共進会ではその年に採れた漆が出品され、色、香り、伸びの良さなどが審査される。

●漆掻き技術の伝承と漆掻き職人の道具製作

品質の良い漆を生産し続けるためには、漆掻き技術の伝承が必要である。

文化庁では、文化財の保存に必要な伝統的技術の認定を行なっている。1996（平成8）年には、二戸市漆産業課内に事務局を持つ日本うるし掻き技術保存会が、伝統的技術として文化庁から認定を受け、浄法寺町を拠点に、漆掻きの技術の錬磨、伝承者養成などの事業を行なっている。

漆を掻くには、漆掻き道具が欠かせない。漆掻き道具の中でも、とくにカンナは独特の形状をしており制作が難しいため、過去にも使用に耐えないと断念した鍛冶屋もあったほどである。現在、漆掻き道具をつくっている鍛冶職人は、二戸市浄法寺町に隣接する青森県田子町の中畑文利氏が一人だけとなっている。

日本うるし掻き技術保存会では、カンナなどの漆掻き道具の確保のために、中畑氏への支援も行なっており、漆掻き道具を製作できる鍛冶職人を増やすために、氏の指導を仰ぎながら、技術伝承を進めている。

技術の伝承

（姉帯敏美・竹内義浩・田端雅進）

漆の精製

●漆の精製とは――荒味漆から生漆・クロメ漆（精製漆）へ

ウルシから採取された漆液は荒《あら》味《み》漆《うるし》で、これは精製漆の原料になり、黒漆をつくる漆であるが、漆塗りには使われない。生《き》漆《うるし》は、荒味漆に含まれる木屑や樹皮などの夾雑物をろ過で取り除き得られるものである。これを、使用目的に合わせて光沢や透明性を付与する精製工程を経て精製漆（クロメ漆）にする。

「精製」には「ものの純度を高めてきれいにする」ことと「念を入れて整え製造する」意味がある。「漆の精製」は、漆液をきれいにすることではなく「塗料化する」ことである。漆を「精製する」とは、英語でいうなら、purify（浄化する）でなくrefine（磨きをかける）である。

荒味漆

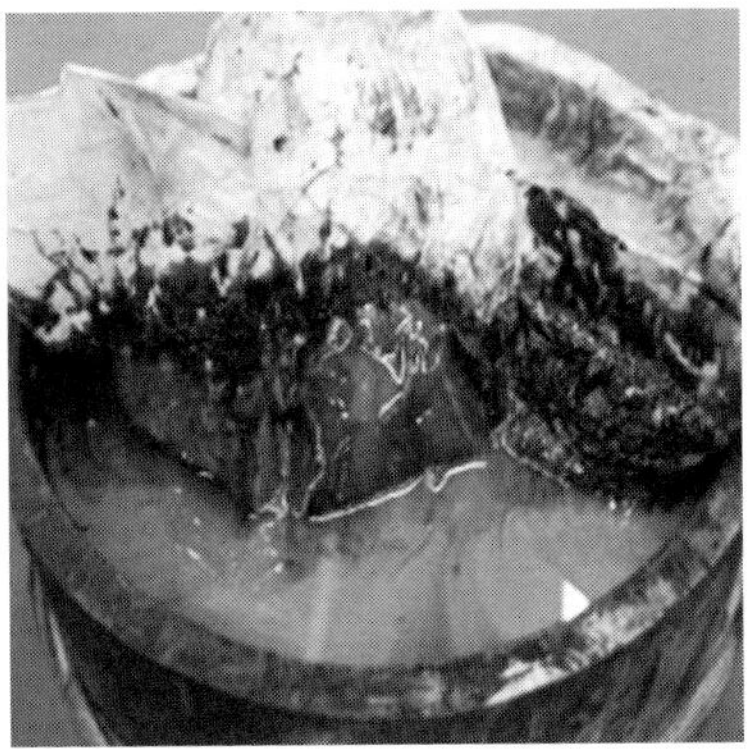
樽詰めの漆

生漆は、一種の複合材料で、その構成成分はウルシオール、ゴム質（多糖）、含窒素物（糖タンパク）、ラッカーゼ及び水である。漆液には、ウルシオールが65～60％含まれていて、水が20～30％含まれている。このため生漆を漆塗りに使うとサラサラしていて流展性がなく、塗膜に厚みが出なく、その塗膜は光沢が低く美しくない。このようなことから生漆は「ナヤシ」、「クロメ」という精製工程を経て塗料化される。

●伝統製法の「天日クロメ」

漆の精製が機械化される以前は、伝統的に「天日《てんぴ》クロメ」が行なわれていた。その方法は日差しの強い炎天下で、大きな桶に漆を入れ、木製の撹拌棒で漆液を絶えずかき混ぜながら、手作業で「ナヤシ」と「クロメ」を行なう方法である。

この方法は今でも、気候のよい炎天下で、漆の変化を観察しながら行なわれる興味深い作業である。

「天日クロメ」は、なかなか大変な作業で、漆液を撹拌棒で掻き混ぜ混合しながら、漆液の温度が上がり過ぎないよう漆液の液温を時々測定し、撹拌操作を絶えず行なう。一見のんびり楽

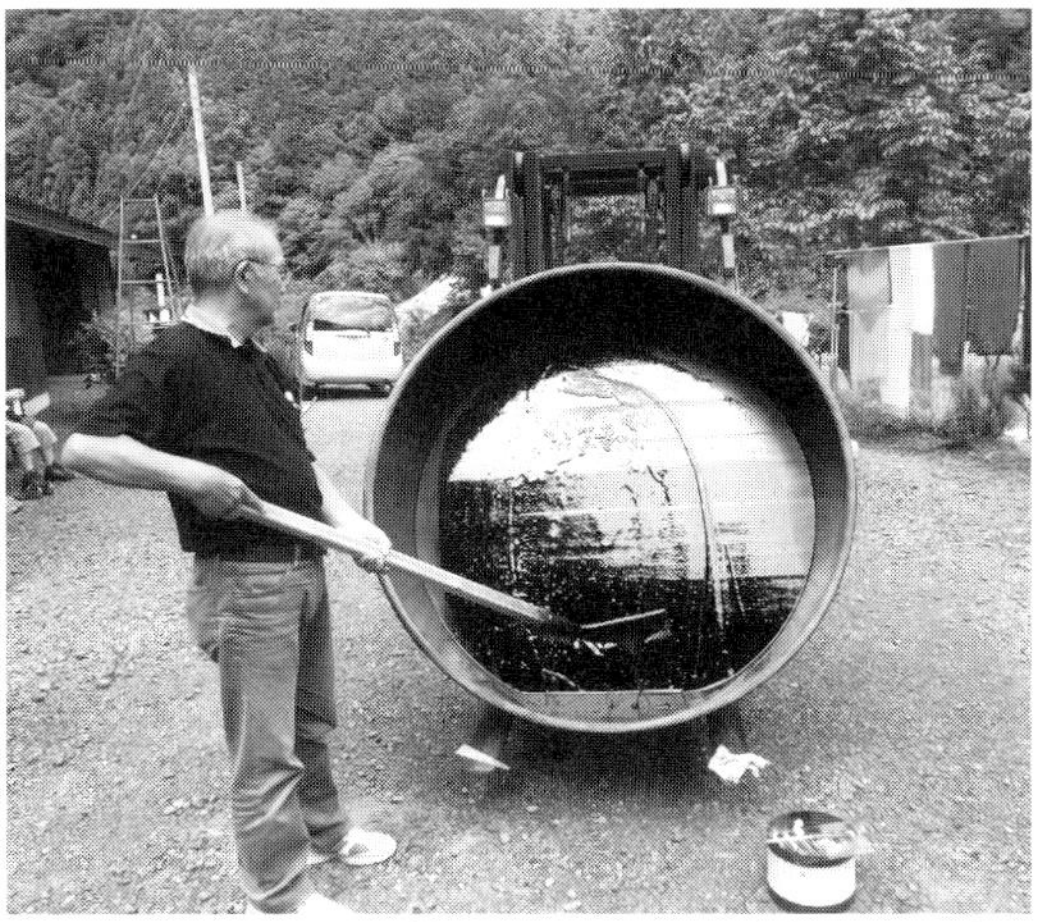

天日クロメの作業風景（「NPO法人壱木呂の会」のクロメ会にて）

しそうな処理風景であるが、炎天下の作業で、想像以上に重労働できつい仕事である。

　伝統的な手法あるいは工業的な方法のいずれの精製処理でも、精製操作の終点は、漆液中の水分量を測定し3～5％になった時点で作業を止める。現場で水分量を測定できない場合、「天日クロメ」の漆液をガラス板に薄く塗布して、それを透かし見て、透明性が悪い場合は、まだ分散が不十分で水分が多い状態であるが、透明性が認められると、分散が進み、水分が適当な状態であると判断して精製処理を止める。

●「ナヤシ」と「クロメ」

　荒味漆には木屑や樹皮などの夾雑物が含まれているため、使う量が少量であれば吉野紙（和紙）を用いて、ろ過して生漆が得られる。工業的には綿を使って、綿にゴミを絡めて遠心分離器でろ過する。生漆は漆器の下地塗料として、また摺《すり》漆・拭《ふ》き漆や呂色《ろいろ》工程（上塗りの後に艶を出すために、水研ぎしながら磨き上げていく工程）の仕上げに用いるほか接着剤調製用の漆に使われる。

　油と水は性質が大きく異なることからお互いに溶け合うことはないが、漆の脂質成分・ウルシオールと漆液中の水は特異な関係にある。生漆を顕微鏡で観察すると、比較的大きな粒子の集まりであることが認められる。この状態をエマルションといい、身近な例には牛乳がある。牛乳は、水の多い中に乳脂肪が分散していて、牛乳中の乳化成分・カゼインの作用で、水中油球型エマルション（o/w型）を形成している。牛乳のエマルション（o/w型）は安定で、水と乳脂肪は混じり合い乳化している。

　漆液は、牛乳とは逆に、脂質のウルシオールが多い中に、水が分散している状態で、これを油中水球型エマルション（w/o

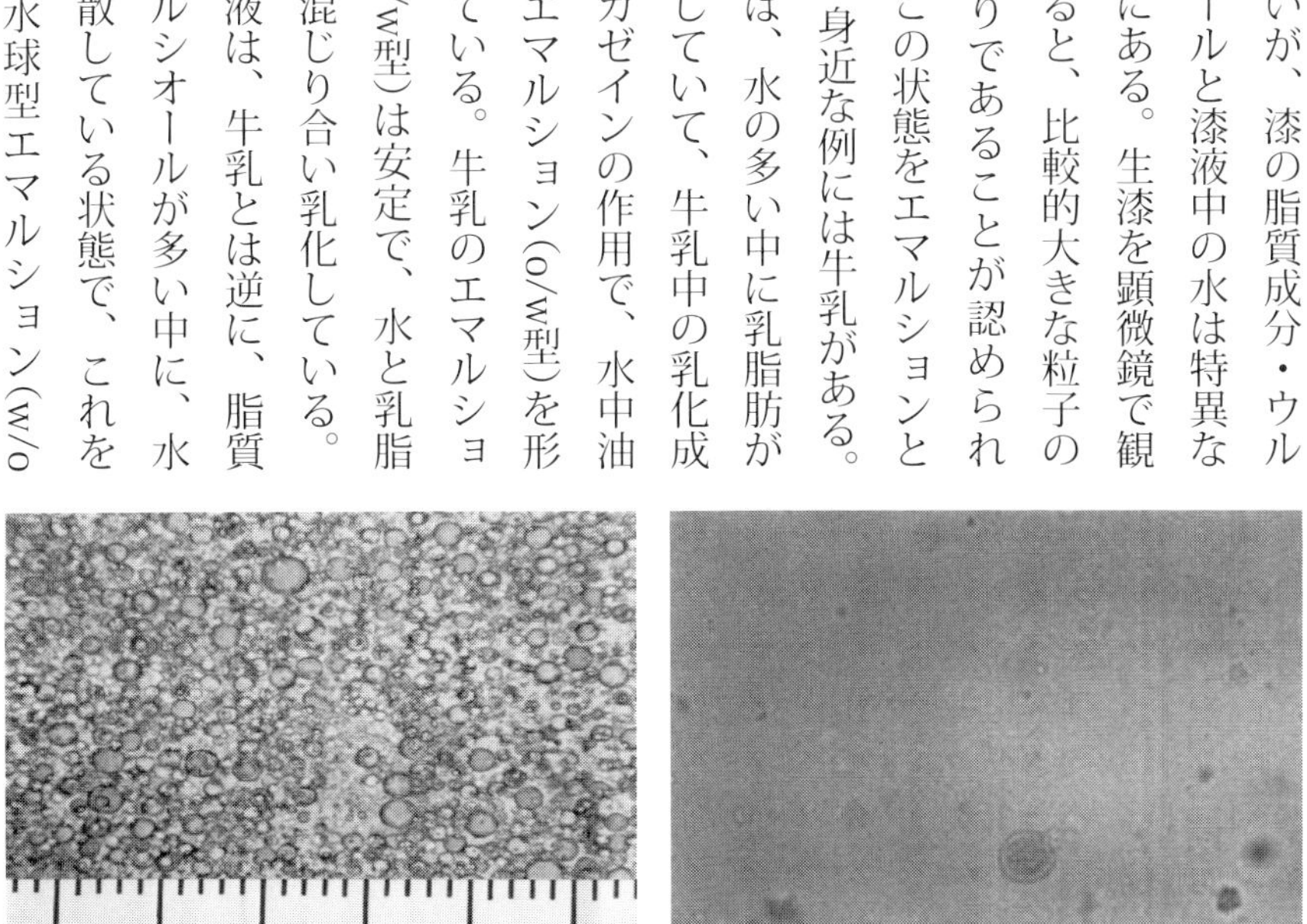

エマルションの比較。生漆（左）と精製漆（右）
（×200,1目盛＝10μm）（生漆をメチレンブルーで着色し、顕微鏡で150倍に拡大してある）

型)といい、ウルシオールと水は、お互いに分離することなく乳化している。このエマルションも安定で、それは漆のゴム質が乳化剤となり、生漆の構成成分である含窒素物もこの乳化の安定化を助け、相互に寄与していると考えられている。

●実験室での漆精製

漆の精製は、簡単には、ガラス板の上に生漆を取り、それをヘラでよく練り合わせながら、漆を広げ、また集める操作を繰り返し、混合する操作で調製する。

大量の漆を精製するには、「漆の精製工場」で伝統的な処理法として「ナヤシ」(混錬り・撹拌工程)と「クロメ」(加温脱水工程)の工程を経て塗料化される。この装置を上図に示した。図にあるように、撹拌羽根の付いた木製の容器に生漆を入れ、漆を摺り込むように混錬り・撹拌し、漆のエマルションを分散し微粒化する。その後、

漆の精製装置の展開図

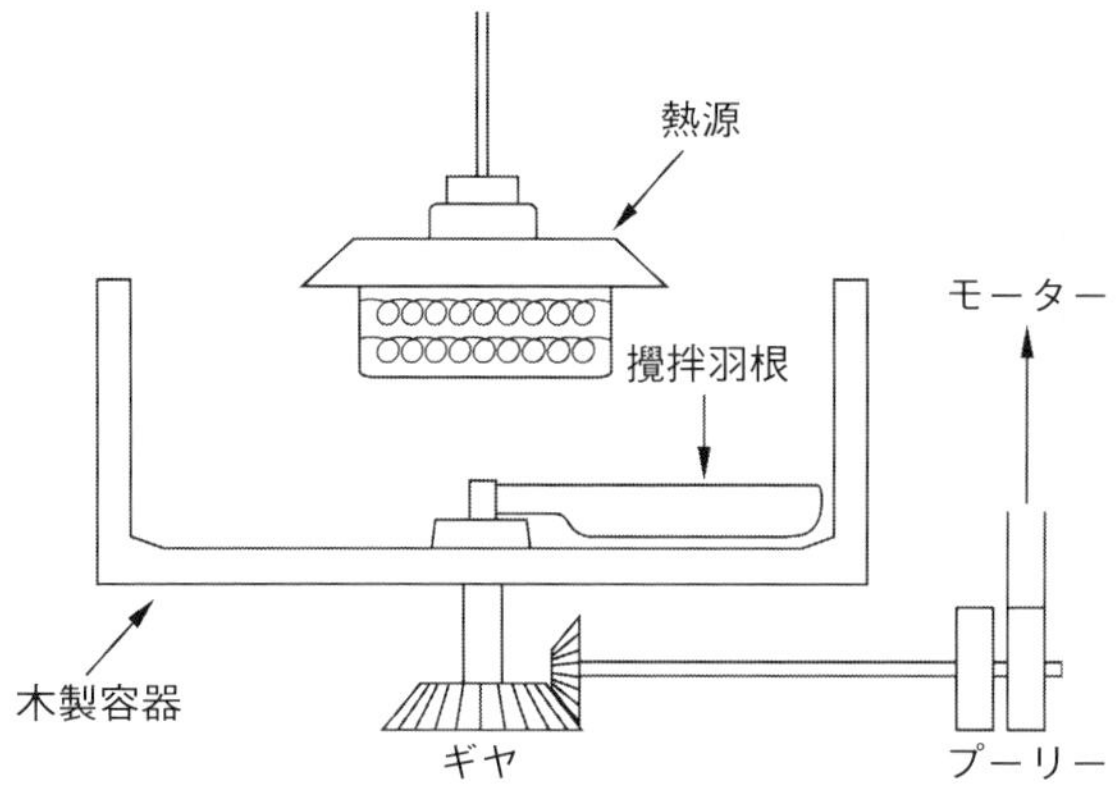

漆液中の水を蒸発させて3～5%に調製する。漆液中の水を完全に蒸発させると、漆の乾燥・硬化は遅くなり、酵素のラッカーゼは失活し、漆は不乾になる。

そのため、漆液中の水分を3～5%残すように、漆の精製作業の終点を見定めて処理を終える。この脱水処理では、漆液中の水分を取りすぎないように、細心の注意が払われている。漆の精製作業には、長い経験と技術が必要である。

私たちの実験室ではニーダーミキサー(クロメ機)を用いて漆液1gから数g程度の量を精製する実験に使い、漆の精製時間、撹拌機(羽根)の回転数、漆液の粘度と重合度の変化などを調べている。

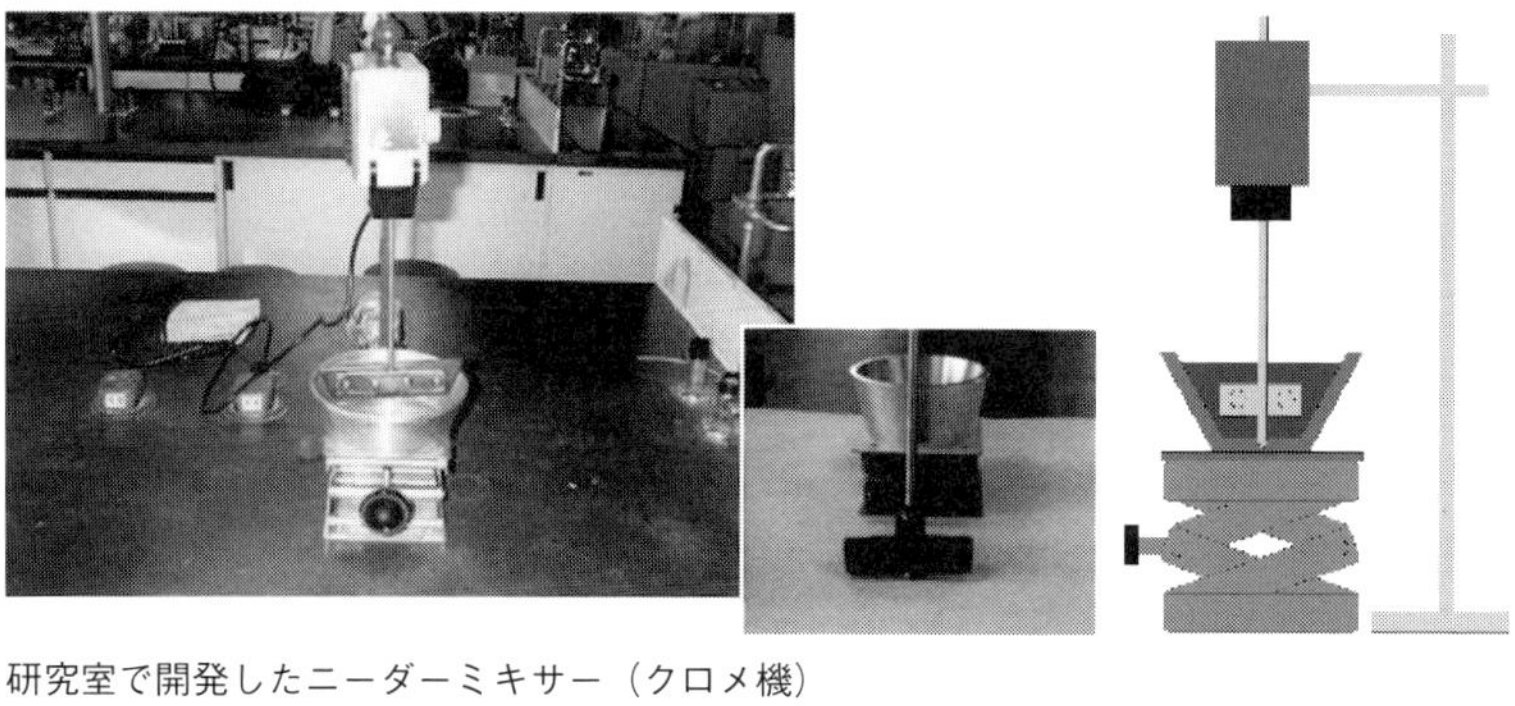
研究室で開発したニーダーミキサー（クロメ機）

●精製漆の特徴

このような「クロメ」、「ナヤシ」処理した精製漆は、漆塗りの上塗りに使われる。漆は精製するとエマルション粒子が均一に

細かく分散することから、漆液に透明性が現われ、漆液の粘度が増し、流展性がよくなり、漆塗りに適した状態になる。これを塗装して得られる塗膜は、生漆膜のそれと比較して光沢は上昇し、硬度上昇する。

●工業的手法による精製漆までの工程

この漆の工業的な「精製」操作を、できるだけ効率よく短時間に水を蒸発させるため「クロメ」操作は、撹拌装置の上部に設置した電熱器やガスヒーター、あるいは炭火で加熱しながら効率よく水が蒸発するよう撹拌する。この場合、漆液の温度が40℃以上に上がらないように、細心の注意を払いながら「クロメ」操作が行なわれる。この精製工程で、漆液が黒ずんでくることから「くろめる」との言葉が生まれ、これが転じて「クロメ」になったといわれている。

漆液の混練り・撹拌を長く続けるとラッカーゼの活性は低下する。ラッカーゼは熱に弱いため、できるだけ摩擦熱を抑えて精製することが重要になる。ナヤシ・クロメ操作でラッカーゼ酵素の活性を低下させることなく、漆の乾燥・硬化性を高く維持するように細心の注意が払われている。「クロメ」操作の後、綿を用いた遠心分離器でろ過して精製漆が得られる。

（宮腰哲雄）

漆の精製装置：精製容器（下部）と加熱装置（上部）［写真提供：輪島漆器商工業協同組合］

綿を用いた漆の遠心濾過装置（漆液20kg を処理している）［写真提供：輪島漆器商工業協同組合］

引用・参考文献

はじめに

文化庁　２０１５年「国宝・重要文化財（建造物）保存修理における漆の使用方針について」（平成27年2月24日付）26庁財第５１０号

1章　植物としてのウルシ

鈴木三男・能城修一・田中孝尚・小林和貴・王勇・劉建全・鄭雲飛　２０１４年「縄文時代のウルシとその起源」『国立歴史民俗博物館研究報告第１８７集』　国立歴史民俗博物館

Hiraoka Y.,Hanaoka S.,Watanabe A.,Kawahara T.,Tabata M. 2015.Evaluation of the growth traits of *Toxicodendron vernicifluum* progeny based on their genetic groups assigned using new microsatellite markers. Silvae Genetica 63:267-274. the Thuenen-Institute of Forest Genetics.

2章　漆利用の歴史

阿部芳郎ほか　２０１２年「縄文時代における彩色装飾技術に関する学際的研究」『大学院研究科共同研究成果報告書２０１３年度』　明治大学人文科学研究所

青森県八戸教育委員会　２００２年『是川中居遺跡１』　青森県八戸教育委員会

青森県八戸教育委員会　２００５年『是川中居遺跡４』　青森県八戸教育委員会

青森郷土館　１９９３年『漆の美』　青森県立郷土館

上屋眞一・木村英明　２０１６年『カリンバ遺跡と柏木Ｂ遺跡』　同成社

桶川市教育委員会　２００５年『後谷遺跡　第４次発掘調査報告書』（３分冊）　埼玉県桶川市

地底の森ミュージアム　２００９年『漆の考古学』　仙台市教育委員会

北本市教育委員会　２０１７年『デーノタメ遺跡　北本市埋蔵文化財調査報告書：第21集』　埼玉県北本市教育委員会

工藤雄一郎編　２０１４年『ここまでわかった縄文人の植物利用』　新泉社

さいたま市遺跡調査会　２０１７年『南鴻沼遺跡（第３分冊）』

杉山寿栄男編　１９２８年『日本原始工芸』（１９７６年に北海道出版企画センターより復刻）

鈴木正男・能城修一・小林和貴・工藤雄一郎・鯵本眞由美・網谷克彦　２０１２年「鳥浜貝塚から出土した漆材の年代」『植生史研究』（21）　日本植生史学会

仙台市富沢遺跡保存館（地底の森ミュージアム）編　２００９年『漆器の考古学　平成21年度特別企画展』　仙台市教育委員会

東京大学総合研究博物館　２０１２年『特別展　アルケオメトリア―考古遺物と美術工芸品を科学の眼で透かし見る』

八戸市埋蔵文化財センター是川縄文館　２０１１年『縄文の美―木製遺物復元製作―』　八戸市教育委員会

東村山市教育委員会　１９９９年『下宅部遺跡１９９８年度発掘調査概報』

明治大学博物館　２０１１年『特別展　漆器　Japanware 文理融合研究から見えてきた漆の過去・現在・未来』

永嶋正春ほか　２００６年『季刊考古学』第95号『縄文・弥生時代の漆』　雄山閣

山形県立うきたむ風土記の丘考古資料館　２００７年『押出遺跡』
宮腰哲雄　２０１６年『漆学』　明治大学出版会

3章　漆の利用と技法

室瀬和美　２００２年『漆の文化　受け継がれる日本の美』　角川選書

4章　代表的な漆器産地とその技術

各産地の歴史と特色

沢口悟一　１９６６年『日本漆工の研究』　美術出版社

輪島地方（石川県）

四柳嘉章　２０１１年「漆・悠久の系譜」『石川県輪島漆芸美術館開館20周年記念特別展　漆・悠久の系譜―縄文から輪島塗、合鹿椀』　石川県輪島漆芸美術館
細川貴久美　２０１１年「輪島塗」『石川県輪島漆芸美術館開館20周年記念特別展　漆・悠久の系譜―縄文から輪島塗、合鹿椀』　石川県輪島漆芸美術館
張間喜一・古今伸一郎　１９８０年「輪島漆器」（改定版）　北国出版社
中室勝郎　２００９年『なぜ、日本はジャパンと呼ばれたか』　六耀社
奥千代子　２０１１年　民俗「石川県輪島漆芸美術館開館20周年記念特別展　漆・悠久の系譜―縄文から輪島塗、合鹿椀」　石川県輪島漆芸美術館
中室勝郎　２０１６年「輪島塗史の研究―塗師文化と輪島のかたち―」『石川県輪島漆芸美術館紀要』（11）　石川県輪島漆芸美術館
島口慶一　１９９４年「特別展　輪島塗―美と技の歩み―」　石川県輪島漆芸美術館
柳橋眞　１９９６年　田中本家伝来の漆芸品の特色「特別展　田中本家伝来の漆器」　財団法人田中本家博物館
高柳浩子　２０１１年　蒔絵「石川県輪島漆芸美術館開館20周年記念特別展　漆・悠久の系譜―縄文から輪島塗、合鹿椀」　石川県輪島漆芸美術館
沢口悟一　１９６６年『日本漆工の研究』　美術出版社
柳橋眞　２００４年　輪島塗の指定・認定に関する事―当初の願い「輪島塗技術保存会　守り、伝える匠の技」　財団法人輪島漆芸美術館
島口慶一　１９９７年「輪島塗―堅牢さの秘密を解く―」『漆芸品の鑑賞基礎知識』（小松大秀／加藤寛）　至文堂
細川英邦　２００４年「輪島塗技術保存会の歩み」『輪島塗技術保存会　守り、伝える匠の技』　財団法人輪島漆芸美術館
石川県輪島漆芸美術館　１９９２年『石川県輪島漆芸美術館・開館一周年記念　前大峰と一門展』　石川県輪島漆芸美術館
森下貴久美　２００５年「戦後60年にふりかえる―輪島漆芸の苦難と復活」『戦後60年にふりかえる―輪島漆芸の苦難と復活』　石川県輪島漆芸美術館
寺尾藍子　２００１年「近・現代の輪島漆芸」『石川県輪島漆芸美術館開館20周年記念特別展　漆・悠久の系譜―縄文から輪島塗、合鹿椀」　石川県輪島漆芸美術館
佐々木英　１９８６年『漆芸の伝統技法』　理工学社

津軽地方（青森県）

沢口悟一　１９６６年『日本漆工の研究』　美術出版社
小松大秀・加藤寛　１９９７年『漆芸品の鑑賞基礎知識』　至文堂
青森県教育委員会　１９７６年『青森県無形文化財報告書　津軽塗』　青森県教育委員会

弘前市立博物館　１９８１年『津軽の伝統工芸　津軽塗』　弘前市立博物館
『弘前藩庁日記』（新編弘前市史編纂委員会編　２０００年『新編　弘前市史　資料編三（近世二）』所収）
佐藤武司　２００５年『あっぱれ！　津軽の漆塗り』　弘前大学出版会
九戸眞樹　１９９７年「津軽塗の歴史と技術」『漆芸品の鑑賞基礎知識』（小松大秀・加藤寛）　至文堂
望月好夫　２０００年『津軽塗』　理工学社
佐藤武司　１９９３年「青森県の漆工芸Ⅱ（江戸時代）」『開館20周年記念特別展「漆の美　日本の漆文化と青森県」』　青森県立郷土館
弘前市教育委員会　２００７年「古津軽塗再現調査報告書　津軽家旧蔵手板調査とその再現」　弘前市教育委員会
『塗物秘伝書』　１８４６年（弘前市立博物館『津軽の伝統工芸　津軽塗』所収１９８１年）
佐々木英　１９８６年『漆芸の伝統技法』　理工学社

飛騨高山地方（岐阜県）
浅野利右衛門　１９５６年『飛騨春慶塗史』　浅野屋商店
沢口悟一　１９６６年『日本漆工の研究』　美術出版社
高山市・高山市教育委員会監修　２００４年『伝統的工芸品飛騨春慶』　飛騨春慶連合協同組合

会津地方（福島県）
沢口悟一　１９６６年『日本漆工の研究』　美術出版社
半田市太郎　１９７０年『近世漆器工業の研究』　吉川弘文館
日本漆工協会編　１９８４年『会津漆器』　日本漆工協会

高松（香川県）
住谷晃一郎　２００５年『讃岐漆芸　工芸王国の系譜』　河出書房新社
住谷晃一郎　２０１６年『自在に生きた香川漆芸の祖 玉楮象谷伝』　求龍堂
漆工史学会　２０１２年『漆工辞典』　角川学芸出版

５章　漆液以外の利用

J.C. Lee, K.T. Lim, Y.S. Jang. 2002. Identification of Rhus verniciflua Stokes compounds that exhibit free radical scavenging and anti-apoptotic properties. Biochim Biophys Acta. 1570. 181-191. Elsevier.
工藤紘一　２００８年「岩手県浄法寺産のアバ」『民具マンスリー』（41）3、1-12、神奈川大学日本常民文化研究所
浪崎安治・高橋民雄・有賀康弘・小田島勇　２０００年「ウルシ材の利活用」『岩手県工業技術センター研究報告』（７）29-32　岩手県工業技術センター
橋田光・田端雅進・久保島吉貴・牧野礼・久保智史・片岡厚・外崎真理雄・大原誠資２０１４年「ウルシ材の織布への染色特性」『木材学会誌』（60）１、１６０-１６８　日本木材学会
脇本理恵・田崎和恵・縄谷奈緒子・池田頼正・今井茂雄・佐藤一博・奥野正幸　２００４年「奄美大島紬を染める泥の特性」『地球科学』（58）１９９-２１４　地学団体研究会
松村佳子　２００８年「ウルシ材の織布への染色特性」『奈良教育大学紀要』（57）２、27-31　奈良教育大学
『南部藩家老席日記（雑書）』（岩手県教育委員会事務局文化課編　１９８２年『岩手県文化財調査報告書 第73集（岩手県戦国期文書１）』所収）

「福岡御支配所惣漆木留帳」（二戸市教育委員会編　１９９８年「二戸史料叢書」第二集『福岡代官所文書』（中）」所収）
菅江真澄　１９８１年『菅江真澄全集』　未来社
高山彦九郎　１７９０年『北行日記』『高山彦九郎全集』第三巻　高山彦九郎遺稿刊行会
渋江長伯　２００３年『東遊奇勝』　十和田市在住の郷土史家山崎栄作の編集（個人による復刻出版）
吉田松陰　１８６８年『東北遊日記』松下村塾蔵版.河内屋吉兵衛.青森県立図書館
岩手県　１９４０年『明治九年岩手県御巡幸録』　岩手県
Ｅ・Ｓ・モース　１９７０年『日本その日その日２』　平凡社
ニコライ・中村健之介・中村喜和・安井亮平・長縄光男共訳　２０００年『宣教師ニコライの日記抄』　北海道大学図書刊行会
御所野縄文博物館　２００７年『縄文から続く北の漆文化』
一戸町教育委員会　１９９０年『岩手県北地方の漆蝋』
岩手県立博物館館　２０１０年『いわての漆～縄文から現代まで岩手に伝わる漆の文化～』
岩手県立博物館　２０１１年『いわての漆の魅力をさぐる』
工藤紘一　２０１１年「いわて漆の近代史」　川口印刷工業(株)個人出版

6章　漆液の採取と精製

漆の採取(漆掻き)
日本うるし掻き技術保存会　２０１４年「木をつくり漆を掻く～鈴木健司の技～」　日本うるし掻き技術保存会

漆の精製
宮腰哲雄・永瀬喜助・吉田孝　２０００年『漆化学の進歩』　ＩＰＣ出版
R. Lu, T. Yoshida, T. Miyakoshi. 2013. Review Oriental lacquer: A Natural Polymer.『Polymer Reviews』（53）153–191. Marcel Dekker Inc.
寺田晁・小田圭昭・大藪泰・阿佐見徹編著　１９９９年『漆―その科学と実技』　理工出版社
永瀬喜助　１９８６年『漆の本―天然漆の魅力を探る』　研成社
宮腰哲雄　２００７年　漆と高分子「高分子」56(８)６０８-６１３
坂本誠・江頭俊郎・市川太刀雄　１９９１年　石川県工業試験所研究報告(38)、(39)
永瀬喜助・岩槻秀文・辻興亜　１９９２年「塗装工学」（27）42
大藪泰・阿佐見徹・山本修・田島秀起　１９９２年「色材」（65）３４９
R. Lu, T. Miyakoshi. 2015.『Lacquer Chemistry and Applications』p.p. 1-300. Elsevier.
小川俊夫　２０１４年『うるしの科学』　共立出版

●さくいん●

《執筆者》

阿部 芳郎（あべ　よしろう）明治大学文学部教授
室瀬 和美（むろせ　かずみ）目白漆芸文化財研究所主宰、重要無形文化財工芸技術漆芸蒔絵技術保持者
永田 智世（ながた　ともよ）目白漆芸文化財研究所研究員
橋田 光（はしだ　こう）国立研究開発法人森林研究・整備機構森林総合研究所　樹木抽出成分研究室
宮腰 哲雄（みやこし　てつお）明治大学名誉教授、明治大学研究知財戦略機構研究推進員
高田 和徳（たかだ　かずのり）岩手県一戸町御所野縄文博物館館長
姉帯 敏美（あねたい　としみ）岩手県二戸市漆産業課長
竹内 義浩（たけうち　よしひろ）竹内工芸研究所主宰
田端 雅進（たばた　まさのぶ）国立研究開発法人森林・整備機構森林総合研究所東北支所　産学官民連携推進調整監
近藤 都代子（こんどう　とよこ）元文化庁文化財部伝統文化課　主任文化財調査官
住谷 晃一郎（すみたに　こういちろう）香川県政策部文化振興課文化芸術グループ美術コーディネーター

《漆の啓蒙と普及のために》

「漆サミット」

2010年に漆サミット実行委員会主催で始まり、2017年には9回目を迎えた。漆に関する情報交換やウルシにかかわる人々の相互理解、協働作業を通して漆産業と技術・文化の継承と発展を図ることを目的にしている。これまで、明治大学のほか、岩手県二戸市浄法寺町、石川県輪島市、京都市、鎌倉市で開催されている。

「日本漆アカデミー」

漆サミットに参加した人々によって、漆にかかわるネットワークの形成や諸機関などとの連携・強化を目指し、漆関連の知識の普及啓発や相互交流を行なう母体として、2013年3月に発足した。

漆サミット、講演会、ワークショップ、見学会などを主催するほか、日本語及び英語でのホームページなどによる情報発信も行なっていく予定。

●漆サミット・日本漆アカデミーの公式ホームページ：http://urushisummit.jp/

漆サミット2017 ポスター

日光東照宮見学会

日本漆アカデミーでは、漆にかかわる関係者だけでなく、一般の方にも漆サミットを含む日本漆アカデミーの行事に参加いただき、国宝や重要文化財建造物の保存・修復に使われる漆のすばらしさを感じていただきたいと考えています。

地域資源をいかす　生活工芸双書

漆《うるし》

1　漆掻きと漆工　ウルシ利用

2018年３月25日　第１刷発行

監修

室瀬 和美

田端 雅進

著者

阿部 芳郎

室瀬 和美

永田 智世

橋田 光

宮腰 哲雄

高田 和徳

姉帯 敏美

竹内 義浩

田端 雅進

近藤 都代子

住谷 晃一郎

発行所

一般社団法人 農山漁村文化協会

〒107 - 8668　東京都港区赤坂７丁目６ - １

電話：03（3585）1141（営業），03（3585）1147（編集）

FAX：03（3585）3668　振替：00120 - 3 - 144478

URL：http://www.ruralnet.or.jp/

印刷・製本

凸版印刷株式会社

ISBN 978 - 4 - 540 - 17116 - 1

〈検印廃止〉

装幀／高坂　均

DTP制作／ケー・アイ・プランニング／メディアネット／鶴田環恵

定価はカバーに表示　乱丁・落丁本はお取り替えいたします。